多肉植物栽培大全

品種介紹 ❀ 四季管理 ❀ Q&A 新手問答

監修
仙人掌諮詢室
羽兼直行

感受多肉植物的魅力！

透明葉窗、美麗銳刺、細毛覆蓋的葉片，

獨具個性的多肉植物，

小小一盆怎麼看都不膩。

挑選數種混合栽種、

或是種植在可愛的容器中，樂趣也隨之倍增。

小巧強壯、容易入手的多肉植物，運用方法也很多元化。

請充分發揮自己的品味，

盡情享受可愛多肉植物們帶來的樂趣吧！

帶有微妙漸層色彩的霜之鶴（*Echeveria pallida*）。

透明葉窗十分美麗的
Haworthia joeyae。

石蓮屬和景天屬等小型多肉植物的組合。

細毛因反射光線顯得閃閃動人的錦晃星（*Echeveria pulvinata*）。

骨董風格的椅子造型盆器中，
組合栽種景天屬、石蓮屬、*Graptoveria* 屬。
任何容器皆可用來種植多肉植物，
四處挖寶挑選盆器也是一種樂趣。

居家生活用品店發現的腳踏車造型盆器，
用來種植石蓮屬與 *Sedeveria* 屬。
平時多多留心就能挖到寶喔！

種在王冠造型盆器中的
石蓮屬與 *Graptoveria* 屬。

用彩繪蛋殼
栽種各種多肉植物。

馬口鐵容器中栽種
月兔耳（*Kalanchoe tomentosa*）。
上漆後再貼個標籤，變得更加漂亮時髦了。
也可利用空罐來栽種。

在大型盆器中群生的
卷絹屬多肉植物。
也可享受美麗花朵帶來的樂趣。

用葉插、扦插、實生等方法繁殖的苗，
種植在小型盆器中並排陳列。
各式各樣的色彩和形狀，
看多久都不會膩。

雪白葉片十分漂亮的
雪蓮（*Echeveria laui*），
和東雲（*Echeveria agavoides*）
的葉片顏色形成美麗的對比。

CONTENTS

本書內容已經過專業審定，
調整為適合台灣環境的栽培建議。

審定序　愛花人集合！版主　陳坤燦

多肉植物的栽培迷思

　　俗話說：「大的照書養，小的照豬養！」，這雖然是自嘲或戲謔新手父母帶小孩的狀況，但不也是新手開始栽培多肉植物的樣子嗎？因為可愛好種的多肉植物掀起園藝界的熱潮，不僅原本就喜歡植物的人加碼種植，連沒有種過任何植物的素人也競相投入培養。但是多肉植物種類繁多，生長習性大相逕庭，如果摸不清每個種的特性，買回來的多肉植物，可能就不久開始變形走樣而逐一一陣亡，甚至全軍覆滅都繳學費的情形也所在皆有。有人為了避免走這趟冤枉路，會勤問買家、老手的栽培經驗，查詢網路、購買書籍獲得養護知識，以了解各種栽培資訊，真個是「照書養」。等摸清楚習性栽培上手後，就會「照豬養」，也就是比較放任隨心的栽培態度，誰叫多肉植物本來就是堅強韌命的一群植物。

　　但「照書養」真的就沒問題嗎？寫書的作者本著自己的種植經驗與專業知識分享基本上沒有問題，但有一點要注意的是，每個作者的栽培環境氣候條件與栽培習慣多少不同，讀者在閱讀時應該參考自己的栽培環境與習慣作調整。例如本書的作者羽兼直行是經驗豐富的栽培者，他的農場位於日本群馬縣館林市，當地年平均最高溫 30℃（最高溫紀錄 39℃），平均最低溫 -1℃（最低溫紀錄 -8℃），與台灣平地的溫度有較大差距，因此原書中所描述的栽培狀況與栽培曆時間會與台灣多少不同。一般台灣的日版翻譯書大多照原書翻譯，但這本書特別的是在取得日方的同意下，由我略作調整為適合台灣的狀況，以避免產生誤會而進行不適合的維管作業，希望這些作為，能夠提供多肉植物愛好者學習上的參考。

陳坤燦

園藝研究家，喜歡研究及拍攝花草，致力於園藝推廣教育。
現任職於台北市錫瑠環境綠化基金會。同時也是部落格「愛花人集合！」版主，
發表園藝相關文章一千餘篇，堪稱花友及網友最推崇的園藝活字典。
● Blog：愛花人集合！
　http://i-hua.blogspot.tw/

多肉新手與玩家都能獲益良多

嚴國維赴日向羽兼老師請益，兩人合影。

　仙人掌及多肉植物的色彩及外型多樣，形形色色，有的甚至獨具風格，在近幾年於各地形成一股風潮，不過在大家接觸到越來越多的多肉後可能會更困惑的是，種類這麼多，那他的照顧方式是不是都一樣呢？尤其對於新手，到底我們要怎麼養護呢？

　好在羽兼老師出了這一本《多肉植物栽培大全》！

　先從多肉植物的基本認識開始，從型態、產地…到為什麼演化成這麼可愛的多肉植物？

　再到各個種類及屬性，在一年四季中，各個屬種在不同季節中如何照顧及注意，都有著相當詳盡的說明及講解。

　對於漸漸收集了許多品種的玩家來說，在養了越來越多的肉兒們後，要如何為他們換盆？或是長大了的植株如何整理或切芽繁殖？如果有蟲的話要怎麼處理？

　對於專業的收集者來說，開花時要怎麼為他們交配授粉及播種呢？是不是可以透過嫁接讓肉兒們生長更好呢？以及可能遇到的狀況或病害要怎麼處理呢？

　在此書中，以上都有非常詳盡以及淺白的介紹，各個步驟配上圖片、各個季節月份配上圖表示意，讓各位在栽培多肉的每個操作，皆能容易上手，並且在試著組合肉兒們的時候，還能兼顧著植物的健康及美感。

　　新手看了這本，對於栽種多肉植物會更容易入門；玩家們看了這本，對肉兒們更會有原來如此的點頭感！在此跟大家推薦，肉友們都該買來讀一讀喔！

嚴國維

福祥仙人掌第二代，延續父親四十年專業栽培仙人掌與多肉植物心血，
占地五公頃栽培近萬種多肉植物，讓福祥更多元且邁向企業化經營。

● 官網：http://www.fuhsiang.com
● ＦＢ：福祥仙人掌與多肉植物園

PART 1

栽培方法的基礎知識

小小胖胖的可愛多肉植物，
就算日照不足、沒有澆水，照樣充滿元氣！
體積不會太大，照料起來也不麻煩。
但是如果放著不管，不知不覺就枯死了⋯⋯。

想必各位一定有過這樣的經驗吧！
多肉植物的種植方法看似簡單，其實卻意外地困難。

要讓多肉植物健康地生長，
首先必須得好好地認識它們。
接著就來了解多肉植物與其他花草
略有不同的特徵吧！

認識多肉植物！

仙人掌或景天科這類葉和莖肥厚的植物都稱為多肉植物。
圓圓的身體和豐潤飽滿的葉片十分可愛，很有人氣。
但是，為什麼多肉植物會生長成這種姿態呢？
首先就從好好地認識多肉植物開始吧！

棒錘樹屬等各種多肉植物。

何謂多肉植物？

　地球上的植物中，葉和莖蓄有水分及養分，對乾燥環境有強烈適應力，無法如同一般花草般製作成乾燥「押葉標本」的植物，統稱為多肉植物。

　多數生長於沙漠等乾燥地帶，已知約有 15,000 多個種，有近年新發現的品種，也有瀕臨絕種危機的品種。透過園藝交配也產生出許多美麗的雜交種，讓我們充分樂在其中。

沒有水也能延續生命

　植物和動物不同，即使遇到不適生長的狀況也無法逃走。也就是說，植物就是在遭遇上述情況下設法存活，持續進化。對植物而言，不適合生長的狀況形形色色，其中用來對付乾燥的有「逃避」、「節約」、「蓄存」這 3 種方法。

　植物並沒有腳，因此逃避指的是留下種子後枯萎的方法。種子可長年適應乾燥，有時甚至可忍耐數十年，持續等待天降甘霖。這類型的植物屬一年生草本植物，具有生長迅速、會盛開許多花朵的性質，且花朵多半鮮艷美麗，因而成為一般常見的園藝植物。原生於南非乾燥地帶的彩虹菊（*Livingstone Daisy*）便屬於此類型。

　節約少量水分存活的植物，普遍具有肥厚健壯的革質葉片，且葉片小，或呈細長形。甚至還有

極端生長成沒有葉片，將水分蓄存在莖部的類型。大型葉片會消耗大量水分，所以進化為小型葉片。在這種情況下，雖然犧牲了生長速度，但在競爭對手少的乾燥地帶並不會造成不利。另外，這些植物的根部通常比較發達，不僅可有效地吸收稀少雨水，同時可向下扎根至地下水脈。王蘭屬和奇想天外（*Welwitschia mirabilis*）便屬於此類型。

作用植物）的類型很多（多肉植物與蘭科的一部分）。

儘管如此，多肉植物也是植物，沒有水就無法存活。雖然對於水分不足的環境有強烈的適應力，但是若不從外部供給水分，終究還是會枯死。即便是生長在年雨量頂多 10mm 左右土地上的種類，也會選在容易取得水分的場所。

葉厚、莖粗是因為蓄存水分

利用蓄存水分這個方法存活的，就是所謂的多肉植物。葉、莖、根較厚，以便蓄存大量水分。沒有為了減少水分浪費的節約型植物般的葉片，即使有也多是小型、呈落葉性，且氣孔非常少。為了避免流失水分，氣孔只有在晚上才會打開，藉此吸取二氧化碳，白天氣孔會關閉，並利用晚上吸取的二氧化碳來進行光合作用（CAM 型光合

多肉植物也需要水

仙人掌和多肉植物的氣孔非常少，即使用噴霧器在葉子上噴水，也無法從葉子吸收水分。給水時請直接大量澆至盆土中，讓水充分到達根部吧！由於植物體內已蓄有水分，因此給水次數不須太多，生長期約 1 週 1 次，休眠期則 1 個月 1 次左右。

系統不同但形狀相似
（收斂進化）

多肉植物是為了因應園藝上的需求而整合出來的分類，因此實際上有著許多外形相似但血緣很遠的種類。其中具代表性的是美國的仙人掌與非洲的大戟屬多肉植物。原生地相距甚遠且系統也不相同，甚至連花的構造也完全迥異，但是兩者的體型卻極為相似。這是為了適應近似乾燥地帶的環境，而採取相同方式進化所導致的結果，稱為收斂進化。乍看雖然很像，仔細看會發現刺的構造不同，且切開後多數的仙人掌會流出透明樹液，大戟屬多肉植物則是流出白色乳汁。

仙人掌的「兜」
Astrophytum asterias
產於墨西哥

晃玉
Euphoribia obesa
產於南非

仙人掌的「黑王丸」
Copiapoa cinerea
產於智利

魁偉玉
Euphorbia horrida
產於阿拉伯半島南部

多肉植物的故鄉

納米比亞到南非的乾燥地帶，有許多廣為人知的獨特多肉植物。

多肉植物存在於南極以外的所有大陸上。從熱帶到寒帶，從海岸到高山地帶，多少都能看見多肉植物的蹤影。而其中的共通點，就是全都生長在一般植物無法忍耐的乾燥地區。

雖說是乾燥地區，但是並不完全相同。有一整年鮮少下雨的地方、乾旱期不下雨但雨季每天下雨的地方、雖然不會下雨但每天都有霧氣供給水分的地方、地下深處有水脈的地方等等，生長環境多彩多姿。海岸與鹽湖附近鹽分濃度高的場所，也和乾燥地區一樣屬於不易取得水分的環境。正因為多肉植物在上述各種環境中都能巧妙地適應，使其呈現非常豐富多樣的風貌。

各地的多肉植物

多肉植物，除南極之外的世界各地已有超過15,000 個種，各個地區原生有各式各樣的種類。想像原產地的狀況不僅是種樂趣，對於不了解種植方法的種類，只要正確掌握其原產地，並依此判斷其為何種風土氣候的植物，還能當作大方向的種植方針。因此，請盡可能事先了解原產地的相關資訊。

世界各地的多肉植物

美洲

南、北美洲有堪稱多肉植物代表的仙人掌、作為龍舌蘭酒原料的龍舌蘭屬、色彩形狀豐富多樣的石蓮屬、葉片雪白姿態獨特的仙女盃屬與月美人屬（厚葉草屬）、深受喜愛的墨西哥產景天屬、形狀猶如酒瓶的酒瓶蘭屬。此外，雖然不是純粹的多肉植物，但多被當作多肉植物的鐵蘭屬（空氣鳳梨）也是此地區的植物。

非洲

姿態與仙人掌相似的大戟屬、花朵豔麗的沙漠玫瑰屬、會從奇妙姿態綻放超乎想像的美麗花朵的女仙類、常見於健康食品的蘆薈屬、帶有幾何學造型的青鎖龍屬、冬季盆花必備的伽藍菜屬、以擁有透明葉窗著稱的鷹爪草屬、作為觀葉植物且很常見的虎尾蘭屬，都是原產自此地區。尤其是從納米比亞到南非的乾燥地帶（左上的照片），有許多廣為人知的獨特多肉植物。非洲東部、漂浮在印度洋上的馬達加斯加島與阿拉伯半島中，也有因《小王子》而著稱的猢猻樹屬等多種奇妙特徵的多肉植物。

歐亞大陸

涵蓋歐洲到亞洲地區，有許多景天科的多肉植物。廣泛覆蓋地面的景天屬（佛甲草屬）、小型植株密集叢生的卷絹屬（長生草屬）、獨特的姿態與葉片色彩是其特徵的艷姿屬、歸類為宿根性草本植物且花很漂亮的景天科（青鎖龍屬）、用作盆栽地被的岩蓮華和爪蓮華（瓦松屬）都是。

熱帶亞洲～澳洲

在亞洲的熱帶到亞熱帶、澳洲等地中，分布有與螞蟻共生的蟻巢玉屬（*Myrmecodia*）、以酒瓶狀樹幹著稱的瓶幹樹屬（*Brachychiton*）、帶有棒狀葉片展現奇妙姿態的蘭科棒葉石斛屬（*Dockrillia*）。

艶姿屬「光源氏」
Aeonium percarneum

卷絹屬「玉光」
Sempervivum arenarium

瓦蓮屬「菊瓦蓮」
Rosularia platyphylla

瓦松屬「青之岩蓮華錦」
Orostachys malacophylla

立田鳳屬「四馬路」
Sinocrassula yunnanensis

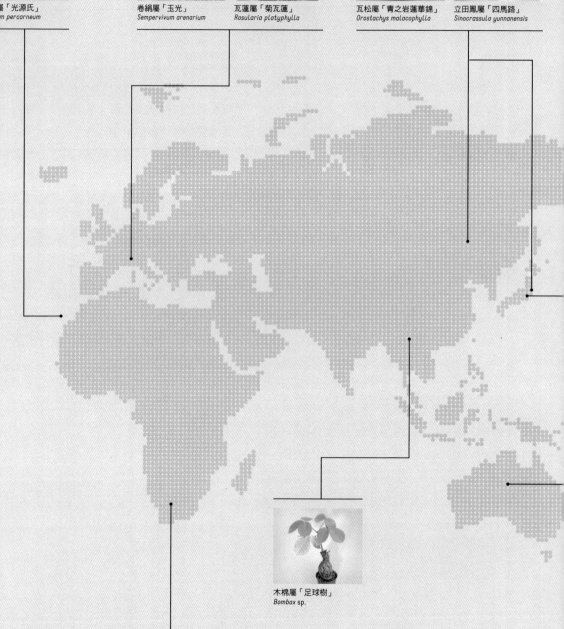

木棉屬「足球樹」
Bombax sp.

蘆薈屬「五叉錦」
Aloe pillansii

大戟屬「棒麒麟」
Euphorbia clavigera

生石花屬「紫勳」
Lithops lesliei

佛頭玉屬「佛頭玉」
Trichocaulon cactiformis

肉錐花屬「佐保姬」
Conophytum 'Sahohime'

椒草屬「刀葉椒草」
Peperomia farroyae

石蓮屬「卡蘿拉」
Echeveria colorata

龍舌蘭屬「王妃甲蟹錦」
Agave isthmensis

月美人屬「星美人」
Pachyphytum oviferum

仙人掌「太平丸」
Echinocactus horizonthalonius

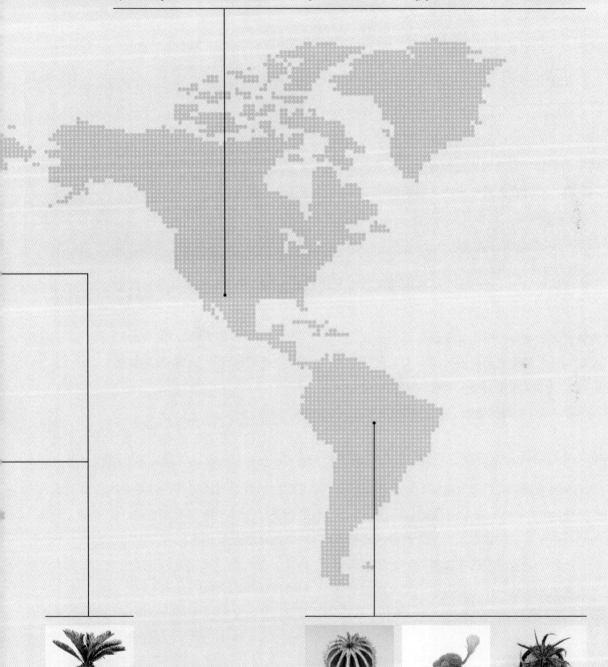

蘇鐵屬「蘇鐵」
Cycas revoluta

仙人掌「櫛極丸」
Uebelmannia pectinifera

麗花丸屬「花鏡丸」
Lobivia 'Hanakagamimaru'

沙漠鳳梨屬「布雷馬克西」
Dyckia burle-marxii

多肉植物聰明入手方法

以前非得去專賣店否則很難入手的多肉植物，
最近在街上的花店、居家用品店、日式雜貨店等地方，都可以發現許多可愛的多肉盆栽。
正因為簡單就能入手，所以購買時更應該格外謹慎。
請挑選好的幼苗，長時間享受多肉的樂趣吧！

幼苗的挑選重點

有句俗話說「苗壯半收成」，指的是植株購入時的狀態，足以決定其後生長的一半結果。多肉植物也是如此，若想到其生長緩慢、容易受傷腐爛的問題，或許會比其他植物更謹慎對待。以下提供幾項健康幼苗的挑選重點：

❶ 沒有害蟲附著

與其他植物相比，會侵襲多肉植物的害蟲雖然比較少，但為避免遭受損害，請一開始就挑選沒有害蟲附著的幼苗。根粉介殼蟲這類潛藏在土中的害蟲，光從表面很難發現，須用手暫時把整株幼苗從盆器中拔出來檢查。若發現根部有根粉介殼蟲附著，請作適當的處理（請參照第 29 頁）。

❷ 沒有徒長或虛弱現象

購買健康強壯的幼苗非常重要。姑且不論是否屬於容易腐爛的植物，總之一旦買到軟弱的植株，之後照料起來會非常辛苦。有愈來愈多的家飾用品店在販售多肉植物，但是因店員的園藝知識不足，而讓生長狀態惡化的多肉植物繼續販售的狀況屢見不鮮。請仔細挑選健康結實的植株吧！

❸ 挑對時間購買

建議盡量購買接近生長期的植株。這個時期購入的植株較容易適應新環境，管理上相對會輕鬆許多。購買接近休眠期的植株，因為生長停滯缺

多肉植物專賣店的賣場。
請在有明確標上標籤的店家購買吧！

乏變化，照料起來容易感到厭倦，萬一生長狀況不佳，也較難即時採取必要的措施。

❹ 有標示學名

為了知道生長期，能夠清楚掌握植物來歷，有標示名字是很重要的。請盡量挑選附有標示學名這類世界共通名稱之牌子的商品吧！有了學名，即可簡單理解此植物所隸屬的分類階層。大部分的多肉植物是原產自國外，因此使用學名在收集資訊上會較有效率。綜觀上述所說，學名的重要性應該無庸置疑吧！

另外，市面上販售的多肉植物，隨附的標籤不一定全部都標示學名。以鷹爪草屬的「十二之卷（*Haworthia attenuata*）」為例，也有省略屬名只寫著「*attenuata*」。不知道屬名、種名或是品種名的時候，不妨直接請教店家的人吧！

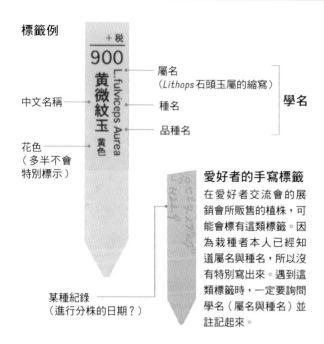

標籤例

中文名稱

花色
（多半不會
特別標示）

+税
900
黃微紋玉
L.fulviceps Aurea
黃色

屬名
（*Lithops* 石頭玉屬的縮寫）

種名

品種名

學名

愛好者的手寫標籤
在愛好者交流會的展銷會所販售的植株，可能會標有這類標籤。因為栽種者本人已經知道屬名與種名，所以沒有特別寫出來。遇到這類標籤時，一定要詢問學名（屬名與種名）並註記起來。

某種紀錄
（進行分株的日期？）

部分都有記載名字。如此一來，應該不須煩費苦心就能查明種類。也可根據植株姿態、葉片形狀、葉片構造、花朵形狀等線索去調查。

還是不知道的話，不妨試著參加愛好者交流會的展示會等活動，從中詢問各路好手。事先拍好照片，會比較容易取得共識。愛好者團體中會有彷彿具有神之眼的人存在，能夠立刻回答大部分種類的相關問題。善用愛好者團體的社團網站或論壇也是個不錯的方法喔！

即使植株也有標示漢字名稱的商品。漢字名稱雖然符合風俗民情，但還是盡量熟記世界共通的學名。舉例來說，非常普及的多肉植物「十二之卷」，這個名字只在日本、韓國、中國、台灣等能辨識漢字的地區使用，而且也看不出所屬的分類階層。但是若寫的是學名「*Haworthia attenuata*」，就可明確判斷是鷹爪草屬的一個種。

不過若標籤上只有寫漢字名稱，只要搜尋網路完整的資料庫應該不難查出學名。此外，買書時也請挑選有標示學名的書，有利於查找資料，加速理解。

不知道名字就束手無策？

要培育多肉植物，就必須具備該植株的生活型態與耐寒溫度等基礎知識。請仔細調查培育之多肉植物的種類，以便預先了解如何進行必要的管理。而要取得這些基礎知識，就必須先知道名字。多肉老手中，光看植株就能正確說出屬名、種名與品種名的大有人在，而稍微熟悉的培育者，差不多也都能判斷屬名，不過最重要的還是購買有明確標示名字的植株。從熟人那裡取得的分株，也請確實地詢問名字並記錄下來。

如何調查名字

如果購買時挑選的是有明確標示名字的就沒有問題，但還是有可能遇到不知道正確名稱的情況。知道多肉植物的名字，是栽培的第一步。

首先請查閱圖鑑吧！居家用品店、日式雜貨店等處販售的種類，多數是適合園藝新手，因此大

COLUMN

**奇妙的
多肉植物
名稱**

漢字名稱為「惠比壽笑」的 *Pachypodium brevicaule*。

多肉植物中有著珍奇名字的還真不少。這是因為，日本明治～大正時期輸入的多肉植物，當時的人用漢字命名的緣故。如同大戟屬的「紅彩閣」、「鐵甲丸」這類聯想自顏色或形狀的命名有很多，但也有像「奇想天外」、「惠比壽笑」這類不知所以的命名。其他也有如同生石花屬的「大津繪（*otzeniana*）」、「巴里玉（*hallii*）」、「寶留玉（*hornii*）」這類取自學名諧音的命名。

多肉植物的生長型態

多肉植物，在原生地忍受嚴峻環境生存著。
也因此，體質強健且容易培育的種類很多。既然如此，為何還是會枯死？
這是錯把多肉植物當作一般花草來照料了。
好好理解多肉植物的特質，採取符合相關需求的管理方式，就能讓多肉植物長得健康有活力。

三種生長型態：夏型・冬型・春秋型

生長在地球各地的多肉植物，會順應環境而改變型態以利生存。有高 10 公尺以上的，也有僅僅數公釐的小型品種，千差萬別，各自具有獨特的性質。為了讓多肉植物在台灣的環境好好地生長，請根據四季變化，在培育方法上多下工夫吧！

嚴格來說，不同種類的管理方法其實存有微妙的差異，但為了容易掌握，大致區分為在高溫季節生長的夏型種、以及在低溫時期生長的冬型種。而近幾年來，在舒適溫度下生長的春秋型種也愈來愈多。

夏型種有龍舌蘭屬、伽藍菜屬、蘆薈屬、沙漠玫瑰屬、酒瓶蘭屬、虎尾蘭屬等等；冬型種有肉錐花屬、石頭玉屬（生石花屬）等玉型女仙類，以及千里光屬的一部分、艷姿屬、仙女盃屬等等；春秋型種有鷹爪草屬、千里光屬、石蓮屬

等等。青鎖龍屬等大型屬，則會同時包含夏型、冬型、春秋型等種。

本書為了方便各位管理，將各屬的多肉植物區分出 3 種生活型態來解說。當然，也會有無法歸類至這 3 種生活型態的種類。舉例來說，卷絹屬（長生草屬）和庫頁島產的景天屬（佛甲草屬）這類原產地在北半球的高山或亞寒帶的種類，則必須以高山植物來處理，而鐵蘭屬（空氣鳳梨）和沙漠鳳梨屬這類附著於木頭或岩石上生長的附生植物，使其附生在軟木、蛇木板、漂流木上來培育會比較理想。但是多數種類只要比照前述 3 種生活型態來管理，至少不會馬上枯萎。栽種習慣之後，不妨試著找出自己獨到的管理方法吧！

越冬的溫度

大部分多肉植物的故鄉是在熱帶到亞熱帶地區，幾乎全是無法承受 0°C 以下低溫的非耐寒性種類。石蓮屬的最低溫限度是 0°C 左右，也有沙漠玫瑰屬、棒錘樹屬這類低於 5°C 就會腐爛的種類。另一方面，原產自北半球溫帶地區的青鎖龍屬（景天科）和景天屬（佛甲草屬），大多具有耐寒性，可忍受 0°C 以下的低溫，卷絹屬（長生草屬）甚至可耐寒 -20°C。這些種類若遇到溫暖的冬天，會出現徒長現象而腐爛。

沙薇娜—綠摺邊
Echeveria shaviana 'Green Frills'

附生型的管理

　　附生在木頭等媒介上的植物中，有的也被歸類為多肉植物，例如多數的鐵蘭屬（空氣鳳梨）和部分的蘭科植物、茜草科的蟻巢玉屬等等。

　　這些種類大多需要與普通附生蘭相同的管理方式，在小型素燒盆器中用水苔種植，或是綑綁在軟木、蛇木板、漂流木上使其長根，置於通風良好的地方管理。喜歡水分的種類很多，水苔種植者 2 ～ 3 天給水 1 次，附生在軟木等媒介上的則建議每天給水。這些種類不耐悶熱，生長期最好放在屋外培育。若要放在室內培育，建議放台風扇並使其左右擺動以利通風。因為也不耐夏天的直射陽光，故請施予 40 ～ 60% 的遮光吧！

各種鐵蘭屬（空氣鳳梨）。生長期也可移至屋外培育。

主要屬的生長型態

夏型的多肉植物

景天科
瓦松屬、伽藍菜屬、部分的青鎖龍屬、部分的風車草屬、銀波錦屬、立田鳳屬、景天屬（佛甲草屬）、月美人屬（厚葉草屬）等等

番杏科
秋鉾屬、雷童屬（露子花屬）等等

蘆薈科、龍舌蘭科（單子葉類）
龍舌蘭屬、蘆薈屬、臥牛屬、小鳳梨屬、虎尾蘭屬、鐵蘭屬（空氣鳳梨）、沙漠鳳梨屬、鳳梨屬、部分的蒼角殿屬等等

其他科
萹蓮屬、沙漠玫瑰屬、亞龍木屬、魔星花屬、白鹿屬、蘇鐵類、刺戟木屬、佛頭玉屬、樹馬齒莧屬、棒錘樹屬、龍角屬、福桂樹屬、擬蹄玉屬、大戟屬等等

仙人掌科
仙人掌科的各屬

冬型的多肉植物

景天科
艷姿屬、部分的青鎖龍屬、卷絹屬（長生草屬）、仙女盃屬、瓦蓮屬等等

番杏科
金鈴屬、碧玉屬、麗玉屬、琴爪菊屬、妖鬼屬、風鈴玉屬、藻玲玉屬、寶祿屬、神風玉屬、繪島屬、肉錐花屬、龍幻屬、紫晃星屬、花錦屬、群玉屬、四海波屬、碧魚連屬、帝玉屬、魔玉屬、石頭玉屬（生石花屬）等等

其他科
Bulbine 屬、椒草屬、部分的蒼角殿屬等等

春秋型的多肉植物

景天科
天錦章屬、石蓮屬、部分的青鎖龍屬、部分的風車草屬等等

其他科
炎之塔屬、吹雪之松屬、二葉樹屬、千里光屬、吊燈花屬（蠟泉花屬）、鷹爪草屬等等

買來的多肉植物該如何照料？

除了特殊的種類外，多肉植物的栽培方法基本上大同小異。
夏型、冬型、春秋型，也只是生長期上的差異而已。
只要熟記基本栽培原則，就能加以應用。
接著就來好好地熟悉基本的照料方法吧！

買來的多肉植物，建議先置於明亮的
窗邊等場所，仔細觀察生長狀態。

適應新環境

多肉植物比其他植物更能適應環境的變化，但曬傷或根部腐爛還是會枯死。首先，必須讓買來的多肉植物適應自家環境。生產者是在大型溫室內盡心栽培，這些幼苗突然放在家中陽台或室內桌上，是沒辦法好好生長的。買回家之後，半個月到一個月避免直射陽光，只有早上放在照得到陽光的地方，或是置於樹蔭下等通風良好的場所，

使其慢慢適應新環境。用人工遮光 50% 左右的黑紗網遮罩，也可營造出上述般的環境。

多肉植物的置放場所

日照：光線是生長必備的要素，不足會徒長，過強會曬傷。基本上，秋季到春季給予良好的日照，日照較強的夏季則施以些許遮光。

多肉植物中，有的葉或莖會被密集叢生的白粉或白毛覆蓋。這些白色的粉或毛，是為了在沙漠中可保護葉或莖抵擋強光。因為原本就是在強烈日照下生長的種類，因此夏季也可在直射日光下培育。

帶有水嫩葉片的種類，或是有斑點的栽培品種，夏季基本上置於 30 ～ 50% 遮光的場所培育。休眠中的冬型種與春秋型種，夏季也施以相同遮光。

一般而言，光照過強會萎縮，或是變成曬黑般

的紅褐色；光照太弱則會使莖和葉變成細長的徒長狀，且顏色變淡。請觀察植物的狀態，設法找出可取得適當日照的場所。

溫度管理：溫度管理也是非常重要的一項要素。如同人類有適合生活的溫度，多肉植物也有適合生長的溫度。姑且不論氣溫穩定舒適的春季與秋季，問題在於夏季與冬季。溫度不能夠光靠皮膚感覺，請用溫度計準確地測量。

夏季休眠的冬型種與春秋型種，為了避免在夏季期間消耗元氣，請利用遮光網及良好通風，讓溫度盡可能下降。某些尤其怕熱的種類，放在冷氣房裡會更有效果。

不同種類在管理方式上差異最大的，就屬越冬了。多肉植物大部分的種，最低溫度有 5℃ 就很足夠，若溫度低於 0℃，多數種類會受到極大損傷。有一部分的夏型種，最低溫度需求為 10～15℃ 以上。請替這些種準備適當的加溫設備，挑選符合栽培場所面積或需求溫度的機器。反之，卷絹屬（長生草屬）和八寶景天屬（*Hylotelephium*）這類生長在溫帶到寒帶、高山帶地區的種類，由於具有耐寒性，所以放在屋外也沒問題。

有人會認為「冬型種耐寒性強，所以冬天不需要保暖」，其實是不對的。雖然是在冬天生長，但是溫度也不可太低。請利用木框溫床等設備，確保夜間溫度維持在 5～10℃ 左右。白天的氣溫超過 10℃ 沒有關係，但須注意若夜晚持續高溫，會導致徒長現象。

春秋型種則以最低溫度 5℃ 為基準來進行管理。溫暖地區放在屋簷下或給予適當防霜也可越冬，但建議還是利用木框溫床等設備，以防遭受突如其來的寒流或風雪波及。

另外，大部分的多肉植物喜歡日夜溫差大的環境。尤其是夏季的夜晚，盡量保持涼爽非常重要。

不知道名字或性質時該怎麼辦？

雖然不知道名字的狀況很常見，但是比較可以放心的是，珍貴且栽培困難的品種，販售時通常不太可能不標示名字。也就是說，市面上沒有名字的，應該都屬於容易栽培的種類。

觀察在窗邊的模樣

首先請嘗試放在明亮的窗邊培育。約一週後觀察其狀態，若有徒長現象，或是下葉變黃，就移到更亮的場所；反之若變成褐色，則表示日照過強，請移到稍微暗一點的場所。

在冬天購入者，請先放在最低溫度約 10℃ 左右的地方觀察其狀態。如此一來，不耐低溫的種類不怕瀕死，不耐高溫的種類也不會馬上產生壞影響。不耐低溫的種類，下方葉片會變黃並停止生長；不耐高溫的種類，則會漸漸出現徒長現象。購買時有一點可供選購參考，沒有標示名牌、在居家用品店或日式雜貨店以便宜價格販售的，不妨先當作是夏型或春秋型種。秋天過了 10 月以後夏型種會減少，改成販售冬型種的石頭玉屬或肉錐花屬等女仙類。

從姿態形狀推測

姿態或形狀也是不錯的判斷依據。有覆蓋白粉或細毛、或是植物呈現紅色等有別一般的顏色，表示是喜歡日照的種類；帶有透明葉窗，則大多喜歡明亮的陰涼處。一旦栽培習慣了，即便是第一次經手的種類，也可藉由其姿態預測出「這樣管理應該會長得不錯」。

總而言之，請務必每天觀察其狀態，一旦發現不好的症狀，就必須即刻處理。

多肉植物的給水

栽培多肉植物時，最需要注意的就是「給水」。枯萎的原因多半是缺乏適當給水，或是不耐寒的種類冬季也放在屋外置之不理，諸如此類的原因。

給水的基本原則是「生長的季節充分給水」、「休眠期斷水或是控制給水」。夏型種是夏季，冬型種是冬季，春秋型種則是春季和秋季給予充足的水分。

用噴水壺給水。

生長期大量給水

雖說大量給水，但因為多肉植物的故鄉是乾燥地帶，所以不可想成一般花草。生長快速或是可種植在花圃中的種類，雖然感覺與一般花草非常相似，但是多數的種類即便是生長期，太頻繁給水仍會腐爛、徒長。基本上，當介質表面乾燥多日時即可給水。給水的量也很重要，生長快速和大型的種類，請澆透使水分會從盆底流出，生石花屬這類小型種則給予在盆內流動的量。另外，容易被水沖掉的覆蓋白粉種類，切忌從上方直接給水，改為澆淋在根部或盆器的介質表面。

相反的，因為過於擔心腐爛慎於澆水而太乾，使介質表面時常呈現龜裂狀，也會導致多肉的生長狀況欠佳。不同種類的水量需求有所差異，請觀察植物的狀態做決定。總之，只有介質表面濕潤，就表示水給的太少。請給予能夠從盆底流出的大量水分吧！

休眠期也需要給水嗎？

休眠中須控制給水，或是斷水（不施予水分）。控制給水，指的是給予從介質表面到盆器中都濕潤的程度。這個時期頻繁給水或給水過多，會因為過於潮濕而變得容易腐爛。

較常失敗的是在夏季的休眠期，冬型的女仙類等種，在此時期就算只給一次水，也可能因此造成腐爛。斷水雖然比較保險，但是肉錐花屬也有可能因為過於乾燥而無法恢復生長。請施以讓植物表面濕潤的少量水分，禁止給太多水。避免淋到雨也很重要，陽台等處請注意別遭受颱風或雷雨的侵襲。

冬季相較於夏季雖然較不易失敗，但是虎尾蘭屬、棒錘樹屬、蒴蓮屬等不耐低溫的夏型種，還是斷水會比較好喔！冬季置於屋外的耐寒性種類，冬季不須刻意給水，有雨水就足夠了；若栽種在不會淋到雨的場所，請每個月給水 2～3 次。

多肉植物，基本上等介質變乾再給水就可以了。請檢視介質確認乾燥狀況吧！

給水時，大量給予會從盆底流出的水量很重要。

多肉植物也需要施肥嗎？

大部分的多肉植物的生長速度緩慢，幾乎所有種類都不必像一年生花草般一次施以多量肥料。除非是想要養得特別大，否則若想維持小巧結實，或是很重視多肉植物原本形狀的話，施以少量肥料即可。

基本上，換盆換土時在盆中加入一撮（用3根手指捏取的程度）的魔肥等緩效性肥料就夠了。用多肉植物專用栽培土內含之堆肥的肥分，也可使其充分生長。

如果使用無肥料栽種時，生長期間不妨用稀釋2000倍的花寶等液肥來代替給水吧！

施肥的用量與次數視植株的大小和生長速度而定，植株大、生長快者，肥分需求量較多。夏型種的麻瘋樹屬（*Jatropha*）和花蔓草屬（*Aptenia*），比照一般花草施肥可順利生長。另一方面，石頭玉屬這類小型且生長極緩的種，則不太需要施肥。

夏型種和春秋型種當中，有冬季期間會染上漂亮顏色的種類。為了呈現漂亮的色彩，除了適當的日照外，也必須減少植物體內的氮。因此，請避免施以氮含量多的肥料，進入休眠期前也不可施肥。

在作為基肥的盆底石上放置魔肥（白色顆粒）。多肉植物不太需要施肥，通常只需在栽種時放入基肥就非常足夠。

當作追肥施用的固態有機肥。種類很多，以油粕為主的較容易使用。

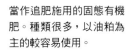

花寶是粉末，先用水溶解再施用。

播種培育的石頭玉屬（生石花屬）幼苗。
想要使其快點長大時，不妨用稀釋液肥取代給水。

留意病蟲害！

為了防止多肉植物生病或遭受蟲害，
首要任務就是好好整頓放置場所的環境。
若置於日照和通風良好、不會淋雨的地方培育，
就比較不容易遭受病蟲害的威脅。

置於陽台的多肉植物。

預防病蟲害

首先最重要的，就是購買尚未遭受病蟲害侵襲的植株。枯葉和葉片的縫隙間有無介殼蟲？葉子是否有奇怪的斑點，或是乾扁變形的很多？葉片異常柔軟、有發黑軟爛的傷、介質濕潤但葉片卻捲曲或閉合、生長期依舊沒有生長跡象、生長狀況不理想，若出現上述情況者請勿選購。

一旦購入後，請先清理枯葉，可以的話從盆中輕輕地拔出，確認一下根部的狀態。沒問題的就直接放回盆中，若發現根粉介殼蟲等害蟲則馬上驅除。根粉介殼蟲過於嚴重的話，切除根部用扦插法使其重長會比較快解決。根部若有腐爛現象，請去掉腐爛的部分，修剪根、莖使斷面看得見白色部分為止，放約一週使其乾燥後，用扦插法使其重新生長。

多肉植物的害蟲較少，蟲害主要來自於介殼蟲、蚜蟲、根粉介殼蟲、葉蟎等吸汁性害蟲。尤其是介殼蟲和根粉介殼蟲更是難以對付。一旦發現牠們的蹤跡，去除蟲體後還須施灑藥劑以徹底驅除。

另外，持續使用相同農藥，害蟲會產生抵抗力，導致效果減弱，交互施用有效成分不同的兩種農藥是訣竅所在。

主要的害蟲與對策

蚜蟲類：用消毒酒精即可驅除。

介殼蟲：身體有防水層，須用介殼蟲殺蟲劑，如：毒絲本乳劑來驅除。

蟎類（紅蜘蛛）：當春天變暖和時，事先施用殺蟎劑以即早預防。

根粉介殼蟲：換盆換土時把根部清洗乾淨吧！用一般殺蟲劑即可驅除。

線蟲：會在根部形成腫瘤並寄宿其中，換盆換土時把根瘤切除即可驅除。

其他：若發現螞蟻、蝸牛及蛞蝓、夜盜蟲、蟑螂、鼠婦等蟲類，請施用對應的專用殺蟲劑驅除。

附著在卷絹屬上的粉介殼蟲。

附著在球狀仙人掌上的介殼蟲。

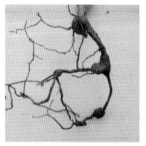
因根瘤線蟲導致根部形成腫瘤。

葉片因強烈日照而曬傷的石蓮屬。因為並非生病或遭受害蟲侵襲，所以施灑藥劑沒有效果。

主要的疾病與對策

灰黴病：最可怕的是附著在枯葉上的病菌（葡萄孢菌、黴菌等等）。初春尚處寒冷時期時發生的病菌，變暖後就不會發生。這類病菌會附著在枯萎的下方葉片，這個時期只要摘除枯葉即可避免；若已經造成感染，請將附著病菌的莖葉全部去除，然後馬上施灑殺菌劑即可治癒。不過病菌會飄散在空氣中，所以無法徹底消滅病菌。平時多多留意，盡量別殘留枯葉吧！

病毒感染：休眠時，葉片出現斑點狀的斑駁模樣，就是感染病毒的徵狀。被這類病毒侵襲的植物無法治癒。為了避免傳染給其他植株，建議盡早處理以杜絕後患。

病毒是以蚜蟲等為傳播媒介，也可能在換盆換土或扦插時經由剪刀、刀片等工具傳染。剪刀、刀片等工具，用打火機的火燒過後，浸泡在磷酸三鈉溶液中消毒，以防止病毒傳染。

附著在柱狀仙人掌上的介殼蟲。

附著在石蓮屬根部上的根粉介殼蟲。

從石蓮屬根部長出氣根。過於潮濕導致根部腐爛，根部無法深入土中所致。請馬上更換新土吧！

驅除介殼蟲很好用的「日產毒絲本（陶斯松）乳劑」。

換盆換土的適當時間

大部分的多肉植物，小苗1～2年換盆換土1次，大型植株則是2～3年1次。仙人掌根部容易腐爛，所以幼苗1年1～2次，3～5年生的植株1年1次，5年以上的則2年1次。

進入生長期前是換盆換土的適當時機，夏型種是在春季，冬型種是初秋，春秋型種則是在早春或初秋時進行。

換盆換土時，也順便檢查葉片是否損傷。葉子若是枯萎或受傷則須摘除。

一般多肉植物（細根型）的換盆換土

準備換盆換土的植株，須從一週前就開始停止給水，讓介質變乾。抖掉舊土、切除受傷或枯萎的根部。接著將過長的根部修剪成容易栽種的長度。沒有切除根部的植株可馬上栽種，有切除根部的植株則不可馬上栽種，必須先放在陰涼通風的場所3～4天使其風乾，再將根部鬆開，栽種到乾燥的新土中。填放介質時，可不時輕敲盆器以避免根之間產生空隙，或是用棒子塞填。不需要用手壓緊固定。

移植後不須給水，在上面蓋一張衛生紙遮蔽陽光，置放約一週使其長出新根，再開始給水。

龍舌蘭屬、蘆薈屬、鷹爪草屬等等（粗根型）的換盆換土

一般的多肉植物根較細，切掉很快就會再長，但是部分鷹爪草屬、以及多數的鳳梨科這類粗根型多肉植物，不小心切到根，會從切口開始腐爛，因此換盆換土時須注意，盡可能不要切除根部。

從盆器中拔出的植株，小心別傷到根部，輕輕地抖掉舊土，只把枯萎的根部從基部切除。之後，不須風乾即可直接栽種。移植後不須馬上給水，放在半日陰處約一週的時間，使其稍作休息後再開始給水。之後請置於日照良好的地方管理。

粗根型多肉植物

蘆薈科：蘆薈屬、炎之塔屬、臥牛屬、部分的鷹爪草屬等等

獨尾草科：*Bulbine* 屬等等

天門冬科：虎尾蘭屬、蒼角殿屬等等

龍舌蘭科：龍舌蘭屬、絲蘭屬等等

鳳梨科：沙漠鳳梨屬、鳳梨屬、姬鳳梨屬、德氏鳳梨屬、蒲亞屬（皇后鳳梨屬）等等

其他：部分伽藍菜屬、奇想天外（二葉樹屬）、部分塊莖植物等等

COLUMN

栽培介質

栽培介質使用河砂、赤玉土、鹿沼土、日向土、泥炭土、輕石等排水性佳的介質。不要單純使用一種，而是混合使用多個種類；也有混合使用泥炭土、稻殼炭、腐葉土的情況。混合比例及顆粒粗細度也很重要，須根據種類與根部形狀微調比例，靈活運用粗粒或細粒介質。

若是體質強健或一般店面販售的種類，使用市售的多肉植物專用土應該就可以了。

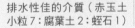

排水性佳的介質（赤玉土小粒7：腐葉土2：蛭石1）

小苗和實生用的蛭石細粒

換盆換土時好用的輔助工具

左排由上至下：放大鏡、拔刺器、標籤、鉛筆、竹鏟、刀片（小）、刀片（大）、牙刷。
中排由上至下：竹鑷子、鑷子、剪刀（大）、剪刀（小）、盛土器。
右排由上至下：手套一双、湯匙。

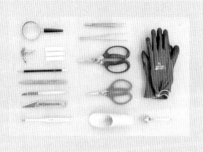

＊1：標籤建議用鉛筆寫。用奇異筆書寫過段時間會消失。
＊2：手套選擇銳刺無法刺穿的橡膠材質，或是厚的皮革製品會比較好。

換盆移植的步驟（一般的細根型多肉植物）

① 從植株基部長出許多子株的仙人掌，準備分株移植。停止給水約一個星期，使其充分乾燥。

② 小心銳刺，用筷子或鑷子從盆器中拔出。

③ 用剪刀剪開根部加以分株。為了避免刺傷，用保麗龍包住會比較安全。

④ 把土全部弄掉，並去除枯萎的根。過長的根部修剪成約一半長度。

⑤ 分株修剪根部後，置於通風良好的半日陰處3～4天使根部變乾。植株沒有根部也沒關係。

⑥ 放乾3～4天後，植入乾淨的介質中。移植後須停止給水約一個星期。

換盆移植的步驟（蘆薈屬、龍舌蘭屬等粗根型多肉植物）

① 從盆器中拔出，用手摘取側芽。小心別傷到根部。

② 摘取數個側芽。原本的植株也小心別弄傷根部，輕輕地抖掉舊土。

③ 根部變乾後馬上移植，一週後再給水。

享受繁殖的樂趣

多肉植物的一大魅力，就是能夠輕鬆地繁殖。

當然也有難以繁殖的種類，不過高人氣的景天科多肉植物，

只要取一片葉子放在介質上就會長出小芽，而且很多不久就能長成完整植株。

繁殖出來的植株，不管是用作組合盆栽或是送人都很棒。

各種繁殖法

多肉植物的繁殖法，與其他植物並無不同。可用扦插（芽插）、葉插、根插、分株、嫁接、實生（播種）等方法繁殖。

矮性種和優型種等栽培品種，請用扦插或葉插等繁殖法來進行等營養繁殖，因為用實生無法取得與母株相同的品種特徵。錦斑品種則使用扦插或分株來繁殖；用葉插法有可能會培育出不長斑的型態。扦插法、葉插法須注意以下兩點，一是從健全的植株採取插穗，二是扦插法須讓切口置放一週以上，待乾燥後再扦插。播種培育植物的方法稱為實生，發芽的苗稱為實生苗。

用扦插法繁殖

扦插法，指的是從母株切取插穗來繁殖的方法。剪取健康良好的插穗，扦插在介質裡使其生長。已經出現徒長現象的植株，也可切取節間過長的部分，用扦插法再生。插穗扦插前的重點，是先置於通風良好的陰涼處約一週使其乾燥。不過艷姿屬和千里光屬，切下後則須馬上扦插。

景天屬（佛甲草屬）、青鎖龍屬、琴爪菊屬、碧魚連屬等灌木狀的類型，艷姿屬、伽藍菜屬等莖部向上生長成棒狀的類型，可切取腋芽來繁殖。另外，石蓮屬、卷絹屬（長生草屬）、月美人屬（厚葉草屬）等母株長有子株的類型，則可切取子株來繁殖。與換盆換土同時進行也不錯喔！景天屬（佛甲草屬）、青鎖龍屬這類葉片密集叢生於莖上的種類，可摘除下方的葉子，以騰出可插入介質的莖部。

取得插穗後，先將切口朝上置放在陰涼處約 5

天使其風乾，或是等到發根再作後續處理會比較保險。接著改將切口朝下，使其風乾。此時可利用小型盆器，單是放入小瓶子裡，就足以作為可愛的室內裝飾。

切口充分乾燥並開始長出新根時，即可移植到新的介質中。要等到發根，景天屬（佛甲草屬）、艷姿屬約 10 天，青鎖龍屬、銀波錦屬、千里光屬則須約 20 天到一個月左右的時間。

用葉插法繁殖

葉插法，指的是從一片片葉子培育成植株的方法。比扦插或分株來得耗時，但是一次可以取得較多植株是其優點。已經掉落的葉子也可用來繁殖。除了景天屬（佛甲草屬）、伽藍菜屬等繁殖力旺盛的種類外，石蓮屬、青鎖龍屬、天錦章屬、風車草屬等多數種類，皆可用葉插法來繁殖。雖然也有銀波錦屬（熊童子等等）這類用葉插法無法發芽的種類，但是因為過程並不麻煩，所以多方嘗試其實也不錯喔！

要用來葉插繁殖的葉子，請從葉柄處小心摘除。準備平坦的容器，倒入乾燥的介質，再將葉片平鋪在上面就可以了，不要埋入介質中。也有虎尾蘭屬、*Lachenalia* 屬這類，橫向切取葉子後插入苗床的種類。

葉子並排在容器中，置於半日陰處管理。要等到從葉子切口處發根，可能需要數週以上的時間，此時還不須給水。不久就會冒出小芽，增生葉片。芽長到約 1cm 左右的時候，可用噴霧的方式施以少量水分。待新芽長到容易處理的大小時，用鑷子夾住植株基部，移植到盆器中。

享受繁殖的樂趣

扦插法的步驟

① 剪取伸長的莖作為插穗。大部分的種類，取得插穗後，下方原來的莖末端也會長出新芽。

② 插穗切口朝上置放數日使其風乾，再利用瓶子等容器讓切口朝下（芽朝上）等待發根。這裡是利用蛋盒。芽若沒有朝上會彎曲伸長。

③ 根部伸長已經適合種植的插穗。準備新的介質，種植時小心別傷到根部。

④ 請種植後超過一週再給水。

葉插法的步驟

① 只要把小心摘取的葉片或碰落的葉，放在乾的介質上即可。不需要給水。插上標籤以利辨識種類。

② 靜待從葉子切口處發根、長出小芽

③ 長成小巧完整的形狀，便是適合移植的時期。

④ 葉插可取得多數的苗，因此也很推薦用來混合栽種。

實生繁殖

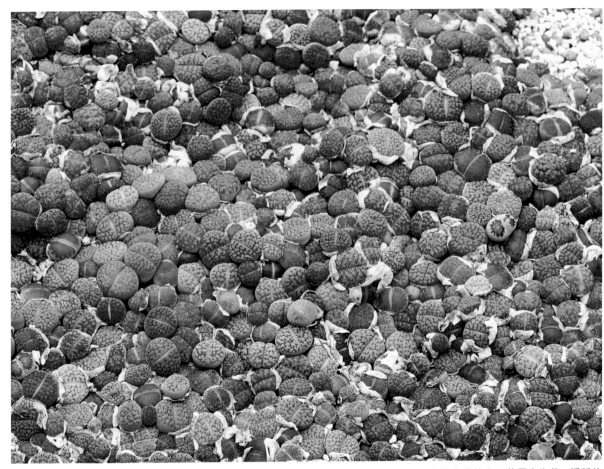

密集生長的生石花屬實生苗。播種後
3 年左右可培育成類似上圖的狀態。各
自的直徑約 1cm 左右。

實生法對於生長緩慢的多肉植物而言,雖然需
要較多時間才會長大,但是能一次取得許多幼苗。
這項優點是扦插、葉插、分株等繁殖法所欠缺的,
因此培育過程雖然比較麻煩,但還是有其價值。

另一項優點,則是能夠取得沒有病毒感染的健
康幼苗。病毒一旦感染就無法治癒,即使是葉插
或扦插還是會傳給幼苗。但是,病毒不會傳染給
種子,因此實生法可以取得沒有病毒的健康幼苗。

另外,莖的底部肥大的部分塊莖植物,若不是
用種子培育的實生苗,則無法變成具有底部肥大
特徵的樹型;用扦插法也無法讓底部變肥大。因
此要將這個種培養成饒富特徵的姿態,就請利用
實生法培育吧!

各種仙人掌的實生苗。

左邊的雪蓮（*Echeveria laui*）和右邊的卡蘿拉（*Echeveria colorate*）交配出來的小孩是前面的那株。葉子的白粉是雪蓮的，葉子前端的紅色是承襲自卡蘿拉的特徵。葉子的形狀則是兩者的中間型。

右圖的木棉屬、左圖的粗根樹屬多肉植物莖的底部肥大，是實生株的特徵，用扦插繁殖不會出現此特徵。

利用交配取得種子

　　取得種子需要受粉（授粉）。雖然可以蜜蜂、虻蟲為媒介自然取得種子，但用人工授粉較為確實。用相同種類受粉是基本作法，但是自家受粉（沾附相同植株的花粉）幾乎不會結果實，必須沾附其他植株的花粉。

　　利用實生法，也可享受近緣種交配出新品種的樂趣。不僅能夠培育出融合雙親優點的品種，或是青出於藍的優形種，甚至要擁有自己專屬的新品種也不再是夢。

　　交配取得種子後，重要的是確實記錄交配親本。標籤上寫下母本的名字（種名、品種名等等）和父本的名字，以及交配年月日，附在完成人工授粉的花上。

交配的步驟

①

挑選交配用的植株。兩者的花如果未能同時開花，可以將先開的花採集花粉，裝進藥用空膠囊，放在冰箱保存。

②

拿細小的毛筆伸入父本的花裡，讓筆毛前端沾附花粉。

③

沾附在筆毛上的花粉。

交配、播種必要的工具。偏厚的紙（如：明信片）、細毛筆、保存花粉或種子用的藥用空膠囊（藥局等處可購買）、細目的濾網（如：濾茶網）。

④

將筆頭伸入母本的花裡，將花粉沾在雌蕊的頂端。

⑤

交配後務必別上標籤。依序寫下母本（受粉的植株）X父本（花粉親）的名字。

⑥

受粉成功的話，果實會長大並結出種子。趁果實自然裂開、種子飛散之前剪取果實以取得種子。

播種和移植

取得種子後，即可播種到育苗穴盤或育苗軟盆等容器中。通常一取得種子就會馬上播種，但是若遇到盛夏和寒冬等不適合生育的季節，也可暫時將種子保存起來，等到接近生長期（夏型種為春季，冬型種為秋季）再播種。將種子裝進藥用膠囊中，用紙包起來放入冰箱保存。

播種後請置於通風良好的半日照處，不使其處於乾燥狀態，且須避免直射陽光。用噴霧方式給水，施以軟盆或育苗盤底部可以盛接的水量，也可在容器底盤先盛一些水，讓介質吸上去。用灑水壺等澆水器給水有可能會把種子沖走，這點請格外留意。視種類可能需要等約 1 年才會發芽，

播種、移植的步驟

① 若果實有外殼，先放在白紙上將果實割開，取出種子。也很推薦撒播未經交配自然取得的種子。

② 石蓮屬這類細小的種子，可以使用濾茶網等工具，將種子和花梗碎片等雜質篩選開來。

③ 準備播種用的介質。使用乾淨無肥料成分的細顆粒蛭石之類的栽培介質，並充分濕潤。

④ 種子放在白紙上，一點一點平均地播撒。石蓮屬這類小種子不需要覆土。

⑤ 插上標籤，放在鋪有一層水的底盤上以避免乾燥。同時也請避免直射陽光，置放在通風良好的陰涼處。

⑥ 石蓮屬的幼苗。長出 1～2mm 左右的小子葉。視種類可能須等約 1 年才會發芽，請耐心等待。

⑦ 發芽後兩週左右的石蓮屬幼苗。葉片數量慢慢增加、變厚。若過於擁擠，可以數株幼苗為單位進行分苗種植。分苗種植時須注意別切到根部。

⑧ 播種後 2～3 個月的苗。輕輕地從穴盤直接取出，移植到盆器中。

請耐心等待。

發芽的苗，1年內就這樣培育，這段期間，須注意絕對不能讓根系變乾。1年後可以數株幼苗為單位進行分苗種植，長得再更大時再一株一株移植。苗還小的時候，1年換土2次左右，會長得更快。

(9) 用盆器培育半年左右的苗。一旦種入盆器中，就須給予充足日照，給水也變更為一般的方式。長成如圖的程度時，差不多就可以一株一株分開移植。

(10) 移植到盆器中的各種石蓮屬實生苗。之後只要比照親株管理即可。

其他繁殖法

根插法：切取根部，與親株種在相同介質裡，切口稍微露出表面。雖然是粗根型的鷹爪草屬經常使用的繁殖法，但也有不適用的種類（請參照第93頁）。

分株法：分株是將變大叢的植株，從可自然分開之處分出個體。若根系太緊密難以分株時，可用刀子或剪刀切剪開來。切取後讓切口風乾，或是塗上殺菌劑再栽種。根部出現異常時（根部腐爛、有根粉介殼蟲等等），請先處理解決後再種植，過於嚴重的話則改用扦插法。

COLUMN

多肉植物的嫁接

有看過如下照片中的仙人掌嗎？或許會認為是形狀怪異的仙人掌，這就是嫁接出來的產物。

仙人掌的「緋牡丹」這類沒有葉綠素、無法憑藉己力生長的栽培品種，可嫁接到健壯的「龍神木」持續生長。繁殖沙漠玫瑰屬的栽培品種，或是想讓根系虛弱、生長遲緩的種類長快一點時，也可採取嫁接法。

嫁接可培育出別一般植株的奇特形狀，樂趣無窮；也可在同一株上接上不同顏色的植株（請參照第152頁）。

PART 2

多肉植物的種類 和栽培方法

形狀各色各樣、生長地豐富多元的多肉植物們，
不同種類在性質上有所差異，栽培方式也不盡相同。
充分理解各自的特徵，是健康生長的第一步。

栽培難易度：★★★ 簡單
　　　　　　★★★ 困難

❶景天科的多肉植物

種類豐富，是多肉植物的代表性家族

多肉植物極具代表性的一科。廣泛分布在除了澳洲和玻里尼西亞外的世界各地，已知約有 1400 個種。多數種類帶有多肉質葉片，被當作多肉植物栽培。在日本也有景天科、玉緒、岩蓮華等約 50 個原生種。

大多具備饒富個性的形狀，莖短且多肉質葉片呈蓮座狀的石蓮屬與卷絹屬（長生草屬）、帶有球狀葉片的景天屬（佛甲草屬）與月美人屬（厚葉草屬）、粗莖直立的青鎖龍屬「花月」品種等等，有各式各樣的種類。

雖然也有會開橘色或黃色漂亮花朵的種類，但是不像仙人掌類或女仙類的花那麼艷麗。同一個種的葉子形狀和顏色也會有所變化，多方收集也是種樂趣。

栽培方法因種而異

因為種類繁多，加上原產地的環境豐富多樣，因此栽培方法的重點也會隨種類而有所差異。夏季和冬季休眠的種類也很多，控制給水是比較保險的作法。另一方面，景天屬（佛甲草屬）這類小型耐寒耐熱的種類，因體質健壯故較易繁殖，也會用作大樓屋頂和牆面的綠化，也可作為組合盆栽的材料。

原生於南非的 *Cotyledon orbiculata*
photo／Mizuho Onodera

44

景天科主要的屬

石蓮屬

讓人想到荷花或睡蓮般的蓮座狀葉片是其特徵。從直徑 3cm 左右的小型種到超過 50cm 的大型種都有。以墨西哥為中心已知有 190 個以上的原生種，交配種也為數眾多。艷姿屬、仙女盃屬、*Graptoveria* 屬、卷絹屬（長生草屬）等也都帶有極為相似的蓮座狀葉片。

拉可洛
Echeveria 'La Colo'

景天屬（佛甲草屬）

全世界原生有約 600 個種的大型屬。除了代表性的莖部細長有球狀葉的虹之玉、長莖下垂的玉綴外，還有其他各式形狀的種類，例如帶有平葉、或是與石蓮屬類似帶有蓮座狀葉片。天錦章屬、月美人屬（厚葉草屬）等也有與景天屬（佛甲草屬）相似的球狀葉。

虹之玉
Sedum rubrotinctum

青鎖龍屬

從南非到馬達加斯加、阿拉伯半島的乾燥地帶已知有 500 個以上的原生種，是多肉植物的一大族群。莖部直立、從植株基部長出多肉質葉片、小型葉片群生等各種形狀變化豐富，性質也各式各樣。生長期因種類而異，夏型種、冬型種、春秋型種都有，須特別留意。

小夜衣
Crassula tecta

石蓮屬
ECHEVERIA

景天科　中南美原產　栽培難易度：★★★　春秋型　越冬溫度：0°C

古紫　*Echeveria affinis*
深紫紅色葉片是其特徵，外形優雅美麗的石蓮屬。有充足日照時，葉片會加深。花莖伸長至 15cm 左右，會開深紅色花朵。

紅緣東雲　*Echeveria agavoides* 'Red Edge'
尖銳的葉片前端是其特徵，冬天時葉片邊緣會變黑，頗具視覺張力。能耐寒冷的大型品種，照片這株寬約 30cm。

羅密歐　*Echeveria agavoides* 'Romeo'
在德國利用魅惑之宵（*Echeveria agavoides* 'Corderoyi'）的實生苗培育出來的美麗品種，之前曾經用「Red Ebony」這個名稱在市面上流通，現在該名稱已失效。照片這株寬約 15cm。

吉娃娃　*Echeveria chihuahuaensis*
黃綠色的肥厚葉片帶著白粉，葉尖染了些許粉紅的中型石蓮屬，花是橘色。照片這株生長點位於植株中央，株形端正，寬度約8cm。

葉片如玫瑰花般呈蓮座狀的美麗多肉植物，以墨西哥為中心已知有 190 個以上的原生種。種類繁多，從直徑 3cm 左右的小型種，到直徑 50cm 的大型種都有。葉色也有綠、紅、黑、白、青等豐富的變化。秋天到冬天染上色彩的紅葉很美，早春到夏天也會盛開可愛的花朵，可說是觀賞性極佳的多肉植物。有許多交配種和園藝種，近親的 *Graptosedum* 屬、景天屬（佛甲草屬）等的屬間交配種也為數眾多。

卡蘿拉・林賽　*Echeveria colorata* 'Lindsayana'
卡蘿拉（*Echeveria colorata*）的優型種。《Mexican Society》雜誌曾在 1992 年發表了很漂亮的幼苗照片，其後代應該就是真正的林賽。照片這株寬約 15cm。

卡蘿拉・塔帕勒帕　*Echeveria colorata* 'Tapalpa'
卡蘿拉的小型變種，其特徵是比較白，葉片比較密實。花跟基本種一樣，但花稍小一點。照片這株寬約 10cm。

霜之鶴雜交種　*Echeveria pallida* hyb.
霜之鶴（*Echeveria pallida*）因體質健壯、生長快、花粉多，被用作白鳳（*Echeveria* cv. hakuhou）等種的交配親本，本種也是其中一個交配種。莖若伸長就不耐寒冷，是栽培的困難點。寬度約 20cm 左右。

聖卡洛斯　*Echeveria runyonii* 'San Carlos'
最近在聖卡洛斯的內華達山脈發現的一種新面貌的倫優尼（*Echeveria runyonii*）。比基本種大型，株型扁平、葉緣呈柔和波浪狀的美麗品種。照片這株寬約 15cm。

雪蓮　*Echeveria laui*
若將凱特（*Echeveria cante*）比喻為白色
石蓮屬的帝王的話，那雪蓮就是女王了。
雖有許多交配種被培育出來，但是超越
原生種的至今尚未出現。寬度約 10cm
左右。

紅顏　*Echeveria secunda var. reglensis*
七福神（*Echeveria secunda*）系列中最小型的種類，實生一年左
右會開花。個別蓮座狀葉盤的直徑雖然只有 2cm 左右，但是會
長出子株，形成可愛的群生株。

特葉玉蝶　*Echeveria runyonii 'Topsy Turvy'*
玉蝶的突變異種，反向彎曲的葉片是其特徵，也有人稱之為反
葉石蓮，是容易栽種的普及品。照片這株寬約 10cm。

管理重點

主要生長期是早春到晚秋（盛夏會休眠），必須確保充足的日照和通風。在適當的環境下，會生長成形態結實、顏色漂亮的植株。

石蓮屬有許多種類，視生長環境在性質上也各色各樣，栽培方式也有些許差異。請根據不同種類施以適當的栽培方法。

石蓮屬耐寒性都很強，尤其是洛西馬（Echeveria longissima）、錦司晃（Echeveria setosa）等生長在高海拔地區的種類，雖然不耐夏季高溫，但冬季可忍受零下 2～3℃ 左右的低溫。雪蓮、玉蝶、麗娜蓮（Echeveria lilacina）這類葉片覆有白粉的，則多屬低地性、耐熱、不耐冬季低溫。雙之鶴與其交配種，皆會因冬天的寒冷而損傷葉片。

白色葉片的種類，葉片覆蓋的白色細粉能夠反射光線，故可承受夏季強光。反之，黑助（Echeveria 'Kurosuke'）、黑王子（Echeveria 'Black Prince'）等黑色葉片的種類，會全面吸收太陽光，因此夏季請避免直射光線。

整體而言生命力旺盛，小型種和幼苗在每年初春或初秋時換盆移植。幼苗移植到大一點的盆器中，介質加入少量基肥（魔肥等等）可有助生長。大型的大瑞蝶（Echeveria gigantea）和大型皺褶類交配種的成株，則 3 年換盆移植一次。盆器盡量小一點，以免長得過於碩大。也可用實生法、葉插法、枝插法、扦插花莖的「莖插法」。植株基部長出子株也可以分株繁殖增生。

各種石蓮屬

栽培曆

月份	1	2	3	4	5	6	7	8	9	10	11	12
置放場所	日照良好，不會淋到雨的屋外					日照良好，不會淋到雨的屋外（50%遮光）					日照良好，不會淋到雨的屋外	
給水	介質變乾就馬上給水					控制給水				介質變乾就馬上給水		
其他	換盆移植、扦插繁殖										換盆移植、扦插繁殖	

春季（3～4月）的管理：春季是生長最旺盛的季節。請給予充足日照，介質變乾就馬上大量給水。須注意不可讓介質變成乾裂狀。小苗可施以液肥數次取代給水，但是氮素若給太多，就會長得鬆散遢軟，到了秋季也看不見美麗的紅葉，因此用少量的肥料培育得緊縮結實是重點所在。

春季是適合換盆移植、繁殖（葉插、實生等等）的時期。請在天氣變熱之前完成所有的作業。

梅雨季（5～6月）的管理：放在屋外管理須注意多雨。另外，梅雨季突然轉晴時的陽光很強烈，無法適應的植株會出現葉片曬傷的狀況。建議盡量放在不會淋到雨或直射日光的地方。

夏季（5～10月）的管理：夏季幾乎都在休眠。不讓根系完全變乾，1個月給水2次左右使其好好休息。葉子中心一旦囤積水分會形成黑斑，因此須注意不要從植株上方給水。盛夏（6～9月）時須控制給水。

夏季期間，理想的作法是只在中午前接受日照，中午過後則放在陰涼處，如此一來可不須遮光。中午過後若還是置於接受日照的場所，則用遮光網施以50%遮光。通風良好也很重要。

秋季（11～12月）的管理：秋季也是生長期，此時期的氣候最舒適宜人。夏季顯得虛弱的植株，到了10～11月會再生。11月會開始轉紅葉，是個能夠享受觀賞樂趣的季節。管理方法與春季相同，給予良好日照、介質變乾就馬上施以大量水分。注意千萬別讓介質變乾裂。

冬季（1～2月）的管理：冬季生長略顯遲緩，多數種類會轉紅葉，是能夠觀賞最美姿態的時期。請置於室外接受日照且不淋雨位置。多數種類耐寒性強，完全斷水可耐寒零下2～3℃，越冬的最低溫度至少須0～5℃。冬季溫度若在5℃以上，就能健康生長，綻放漂亮紅葉。給水約1個月2次左右。

COLUMN

白色葉片品種不淋水

白色葉片品種，葉片上附有白色細粉。用手觸摸或澆水會讓粉掉落，因此請放在不會淋到雨的地方。給水時也須注意，不可從頭上直接澆水。建議利用寶特瓶等器具從植株根部給水。

安裝寶特瓶，避免讓水直接淋在葉片上。

其他的管理：繁殖法主要以葉插法為主。施作時期以秋季或春季（到 4 月左右）為佳。雪蓮等種若溫度過高會很難發芽。中、小型種的葉插較容易，大型種的葉插則稍顯困難。大型種，可用帶葉枝條作為插穗的「枝插法」，或是趁小苗時插入小葉片。雪蓮等種也可用此方法繁殖。嚴禁繁殖床過於潮濕，葉片平放於介質上，待長出芽和根再覆蓋一點土。

不耐熱型的栽培方法

雪蓮、凱特、沙博基（*Echeveria subrigida*）、晚霞（*Echeveria 'Afterglow'*）、錦司晃屬於不耐夏季的石蓮屬，是栽培困難的「棘手品種」。夏季盡量挑選涼爽的地方、提高遮光率、控制給水或是斷水使其休眠。度過夏季的方法，是置於接受直射光的場所，在上方與西側覆蓋遮光 30% 的黑紗網，1 個月 2 次左右在傍晚給水。此外，傍晚偶爾給予驟雨般的水分，讓周圍的介質也覆蓋水分，使其在夜晚可以涼爽度過。雖然較耐冬季的寒冷，但是 0℃ 以下時還是移入室內溫室避寒比較保險。

石蓮屬的換盆移植

1 長年未換盆換土的石蓮屬。

2 從盆器中拔出，可見枯萎的根系密密麻麻地纏繞糾結。

3 把舊土大致地剝掉。

4 把枯萎的根切除乾淨，老舊的莖也一併去除。

5 若有切除粗根或粗莖，請先放在陰涼處風乾，直到發根。

6 發根後即可移植到新的乾燥介質中。約 1～2 週後再給水。

風車草屬
GRAPTOPETALUM

景天科　墨西哥～亞利桑那州原產原產　栽培難易度：★★★　夏型　越冬溫度：0°C

醉美人　*Graptopetalum amethystinum*
短莖上面長著以蓮座狀排列的圓形葉片，整體寬度約7cm。
沒開花的時候，容易跟月美人屬（厚葉草屬）搞錯。生長速度緩慢。

光輪　*Graptosedum 'Gloria'*
小型的銀天女（*Graptopetalum rusbyi*）
和長莖的銘月（*Sedum adolphii*）的屬間交
配種。葉片呈橘色。

紅葡萄　*Graptoveria 'Amethorum'*
石蓮屬的大和錦（*Echeveria purpusorum*）
和風車草屬的醉美人的屬間交配種。獨特
的葉色和肥嘟嘟的多肉質葉片充滿魅力。

　　從墨西哥到亞利桑那州已知約有 20 個種左右，市場上多數為交配種和園藝種，也有與石蓮屬等的屬間交配種。葉片為多肉質蓮座狀，與石蓮屬相似。帶有白色粉末的朦朧葉色極具魅力，葉片從茶褐色到粉紅色種類繁多，想要替組合盆栽增添色彩時可以運用。淡白紫葉色為其特徵的朧月（市場上稱石蓮花），以及朧月的改良品種銅姬（又稱姬朧月）等很受歡迎。多數種類的莖幹直立，莖幹直立的植株具有很快會增生走莖的性質。體質強健，耐熱耐寒性較強，容易培育是其優點。初春時會綻放粉紅色、橘色或黃色的美麗花朵。

菊日和
Graptopetalum filiferum
從很早以前就有栽培，卻意外少見的種類。照片這株寬約
5cm。非常不耐暑熱，務必要注意。

蔓蓮
Graptopetalum macdougallii
極小型的種，寬約 3cm，易增生走莖，再從走莖前端長出花莖
和子株的獨特種。葉片前端到了冬天會變成紅色。

管理重點

　　比照石蓮屬的培育方式栽培。性喜日照，請置於日照良好的場所培育。耐熱耐寒性較強，只要不會凍傷葉片，冬季要放在屋外管理也可以。容易栽種，用葉插、扦插和實生法等可輕鬆繁殖，是新手也能輕易培育的種類。雖然沒有所謂的「棘手品種」，但是菊日和、銀天女、蔓蓮等小型種比較纖細敏感，不耐夏季暑熱，請多加留意。

栽培曆

月份	1	2	3	4	5	6	7	8	9	10	11	12
置放場所	日照良好，不會淋到雨的屋外（50% 遮光）											
給水	介質變乾就馬上給水						小型種控制給水					介質變乾就馬上給水
其他	小型種換盆移植、扦插繁殖						換盆移植、扦插繁殖					小型種換盆移植、扦插繁殖

春季（3～4月）的管理：春季是生長期。給予充足的日照，介質變乾就馬上給水。須注意不可讓介質變成乾裂狀，小苗施以液肥數次取代給水，但須留意別過度施用。春季是適合換盆移植、繁殖（葉插、實生等等）的時期，請在天氣變熱之前完成所有的作業。

梅雨季（5～6月）的管理：與春天置於相同場所栽培。沒有特別需要留意的地方，不過菊日和、銀天女、蔓蓮等小型種，長時間下雨時須格外小心，建議盡量置於不會淋到雨的場所。

夏季（5～10月）的管理：非常耐夏季暑熱，不會出現生長遲緩的休眠現象，因此介質變乾就給水。只不過小型種，特別是菊日和並不耐暑熱，請置於通風良好的半日陰處，以休眠狀態度過夏天。為了避免根系完全變乾，請1個月給水2次左右。

秋季（11～12月）的管理：接續春季的生長期。管理方法比照春季，給予良好日照，介質變乾就馬上給予大量水分。須注意不可讓介質變成乾裂狀。在春季沒有換盆移植者，可在秋季進行。可用葉插法、扦插法繁殖。

冬季（1～2月）的管理：也非常耐冬季寒冷，0℃以下也可越冬，不過若想種得漂亮，建議避免0℃以下的低溫。

其他的管理：可利用植株基部長出的子株，來進行扦插或葉插繁殖。作業時期以接近生長期的初春為佳。也可實生繁殖，市面上已有與石蓮屬的屬間交配種 *Graptoveria*，與景天屬交配的 *Graptosedum* 屬等許多交配種（第52頁的紅葡萄、光輪）。栽培方法比照一般風車草屬也無妨。交配種體質健壯、容易栽培的很多，新手也可安心培育。也很推薦用作混合盆栽。

可食用的多肉植物「朧月／石蓮花」。
詳細請參照第159頁。

青鎖龍屬
CRASSULA

景天科　非洲原產　栽培難易度：★★★　夏型種、春秋型種 ★★★，冬型種 ★★★　越冬溫度：0°C

銀箭　*Crassula mesembryanthoides*
植株外型不同於其他青鎖龍屬，形狀如香蕉般的鮮綠色葉片上
密生著白色細毛。體質強健，容易栽種。

火祭　*Crassula Americana 'Flame'*
前端成尖狀的紅色葉片看起來好像火焰一
般，氣溫降低時會變得更紅。為了欣賞美
麗的紅葉，必須控制水分和肥料，同時要
維持良好的日照。

若綠
Crassula lycopodioides var. pseudolycopodioides
小葉片呈繩索狀緊密重疊是其特徵的夏型
種。日照不足會導致徒長現象，致使枝條
垂落。春季到夏季進行摘芯可長出腋芽。

　　多肉植物大家族，從非洲東到南部、阿拉伯半島、馬達加斯加島的乾燥地區已知有 500 個以上的原生
種，市面上已推出各式各樣的交配種與園藝品種。像是花月／翡翠木這類莖部直立的類型、神刀這類從
植株基部冒出多肉質葉片的類型，或是若綠這類小葉片密生的類型等等，富含變化。生長期因種而異，
夏型種、冬型種、春秋型種都有。大型種多屬於夏型、小型種則多屬冬型，但須注意仍有例外。

稚兒星錦　*Crassula rupestris 'Pastel'*
小型葉片相互重疊往上延伸的小型種。日本育出，是稚兒星的
錦斑品種。此類型還有其他數個近似的種類。

星乙女　*Crassula perforata*
三角形的葉片對生排列如星形。春秋型種，冬季的乾燥期葉片
會轉紅。不喜夏季多濕，要避免淋雨，並保持良好通風。可用
扦插法繁殖。

黃金花月　*Crassula ovata 'Ougon Kagetsu'*
是花月（翡翠木 *rassula ovata*）的一個園藝品種，冬季時葉子
會轉成黃色，彷彿長了滿樹的日本古代金幣。

神刀　*Crassula falcata*
刀型葉片左右交錯生長的青鎖龍屬。養至
成株會從側邊長出子株。耐寒性較低，冬
季要在日照良好的室內進行管理。

佛塔　*Crassula 'Buddha's Temple'*
神刀和綠塔的交配種，葉片緊密重疊往上
生長，形成獨特的塔狀。生長期是春季至
秋季。春季會從植株基部長出許多子株。

主要青鎖龍屬的生長型態

夏型種	春秋型種	冬型種
小銀箭（*Crassula ernestii*）	火祭（*Crassula americana*、*Crassula capitella*）	象牙塔（*Crassula 'Ivory Pagoda'*）
花月／翡翠木（*Crassula ovata*、*Crassula portulacea*、筒葉花月〔*Crassula ovata 'Gollum'*〕）	紅椿（*Crassula andegavensis*）	*Crassula alstonii*
	銀元（*Crassula arborescens*）	玉稚兒（*Crassula arta*）
紅笹（*Crassula cultrata*）	乙姬（*Crassula sarmentosa*）	紅數姫（*Crassula elegans*）
銀乙女（*Crassula sarmentosa*）	圓刀（*Crassula cotyledonis*）	月光（*Crassula barbata*）
筑波根（*Crassula schmidtii*）	星王子（*Crassula conjuncta*）	佛塔（*Crassula 'Kimnachii'*、*Crassula 'Buddha's Temple'*）
高千穗（*Crassula turrita*）	銀杯（*Crassula hirsuta*）	
天狗之舞（*Crassula dejecta*）	花簪（*Crassula picturata*）	*Crassula capensis*
桃源鄉（*Crassula tetragona*）	神刀（*Crassula falcata*）	茸塔（*Crassula columella*）
赤鬼城（*Crassula ernestii*）	翡翠塔／舞乙女（*C. falcate × C. mernieriana*）	麗人（*Crassula columnaris*）
銀箭（*Crassula mesembryanthoides*）		白妙（*Crassula corallina*）
紅稚兒（*Crassula radicans*）	星乙女／尖刀／南十字星（*Crassula perforata*）	夢殿（*Crassula cornuta*）
	雨心（*Crassula volkensii*）	*Crassula suzannae*
	佩如西打（*Crassula pellucida*、*C. pellucida var. marginalis*）	小夜衣（*Crassula tecta*）
	青鎖龍（*Crassula muscosa*）	稚兒姿（*Crassula deceptor*）
	鳴戶／磯邊之松（*Crassula multicava*）	玉椿／花椿（*Crassula teres*、*Crassula barklyi*）
	洛東（*Crassula lactea*）	康兔子（*Crassula namaquensis*）
	若綠（*Crassula lycopodioides*）	綠塔（*Crassula pyramidalis*）
	稚兒星／愛星／彥星（*Crassula rupestris*）	巴（*Crassula hemisphaerica*）
	小圓刀（*Crassula rogersii*）	都星（*Crassula mesembrianthemopsis*）
		星公主（*Crassula remota*）
		呂千繪（*Crassula 'Morgan's Beauty'*）

青鎖龍屬有夏型種、冬型種、春秋型種，須留心生長型態的差異。夏型種在春季到秋天這段生長期間請培育在室外。強健的種類淋雨也無所謂。冬型種和春秋型種不耐夏季的高溫多濕，因此夏季的栽培須格外注意，冬天則確保最低溫度在 0°C 以上較為保險。

夏型種的管理重點

栽培曆

月份	1	2	3	4	5	6	7	8	9	10	11	12
置放場所	日照良好，不會淋到雨的屋外					日照良好，不會淋到雨的屋外（50% 遮光）					日照良好，不會淋到雨的屋外	
給水	介質變乾就馬上給水						控制給水			介質變乾就馬上給水		
其他	換盆移植、扦插繁殖											

春季（3～4 月）的管理：春季是最佳生長季節。置於屋外給予良好日照，介質變乾就馬上給水。從 3 月開始，1 個月 1～2 次施以液肥代替給水。可用扦插法繁殖，除了夏天以外皆可進行，在寒冬也可在空中發根。葉插法是扦插帶部分莖的葉片；神刀等大型葉片，則與伽藍菜屬的葉片相同，剪一半葉片扦插也可發芽、發根。換盆移植在 3～4 月最佳，如果是強健種，則隨時皆可進行。花月品種，請用富含大量堆肥與腐葉土等有機質的介質來培育。

梅雨季（5～6 月）的管理：延續與春天相同的管理方式。

夏季（5～10 月）的管理：延續春天的生長期。只有盛夏 6～9 月時須稍微控制水分，其他無特別須注意之處。接觸夏季的直射陽光也沒有問題。

秋季（11～12 月）的管理：夏季暑熱消退，有助於生長。請置於日照良好處，給予充足日照與水分。比照春季施予肥料。適合換盆移植、扦插、葉插，請在冬季將至前完成作業。秋季也是火祭等品種的葉片轉紅的季節。

冬季（1～2 月）的管理：冬季期間，白天置於屋外盡量接受日照使其生長。青鎖龍類最低零下 3°C 可越冬，花月類則須注意不可低於 0°C。過於乾燥就給水，但寒流時須控制給水。生長成大株的花月等品種會開花。沒有接受低溫的話不會結花苞，因此請接受適度寒風後再放回室內。姬花月從 1 月到 2 月間會開花，筒葉花月則不容易開花。花開後的植株請修剪枝條，以維持良好的姿態。

葉緣的毛是其特徵的月光。

冬型種、春秋型種的管理重點

栽培曆

月份	1	2	3	4	5	6	7	8	9	10	11	12
置放場所	日照良好，不會淋到雨的屋外				日照良好，不會淋到雨的屋外（50%遮光）						日照良好，不會淋到雨的屋外	
給水	介質變乾就馬上給水										介質變乾就馬上給水	
其他	換盆移植、扦插繁殖										換盆移植、扦插繁殖	

春季（3～4月）的管理：春季是生長期。置於屋外給予良好日照，介質變乾就馬上給水。這段期間，1個月1～2次施以液肥代替給水。適合換盆移植、扦插繁殖等作業，請在夏季來臨前趁早完成吧！

梅雨季（5～6月）的管理：置於不會淋到雨、通風良好的場所培育。與女仙類同樣在5～6月會進入休眠期，在介質變乾前控制給水。

夏季（5～10月）的管理：盛夏6～8月是休眠期。置於通風良好的涼爽半日陰處使其休息。雖須控制給水，但為避免根系完全乾燥，1個月必須給水1～2次。只不過，7月時斷水會比較保險。。

秋季（11～12月）的管理：秋季開始可享受生長與開花的樂趣。置於屋外給予良好日照，介質變乾就馬上給水，同時也施以肥料。1個月1～2次施以液肥代替給水，或是置放有機質的固態肥料。適合換盆移植或扦插繁殖。換盆移植建議選在11月，用一般多肉植物用的介質移植。

冬季（1～2月）的管理：冬型種的耐寒性與石蓮屬相當。零下3℃可越冬，給予適當水分以防根系乾裂。冬型青鎖龍屬的葉插繁殖，在冬季進行為佳，切取帶部分莖幹的葉片，切口放在砂石上3～4天使其風乾。春秋型種的冬季管理以夏型種為基準。在確保0℃以上的溫度進行管理。

以花月為主的組合盆栽。長年栽培成為莖幹粗壯的植株。

艷姿屬
AEONIUM

景天科
加那利群島、北非原產
栽培難易度：★★★
冬型　越冬溫度：0°C

黑法師　*Aeonium arboretum* 'Atropurpureum'

笹之露
Aeonium dodrantale

　　非洲西北部的加那利群島、北非等氣候穩定的地中海地帶，已知約有 40 個種。伸長的莖部前端呈放射狀盛開的葉片姿態極為有趣，經常用作組合盆栽。外觀如樹形的木立性種類很多，有的可栽培成大型植株。葉片的色彩與形狀因種而異。以黑褐色葉片著稱的黑法師，其獨特的色彩經常用於組合盆栽，但性質與其他多肉植物有些許差異，這點須多加留意。

管理重點

　　原生地是冬暖夏涼的地中海型氣候。典型的冬型多肉植物，非常討厭夏季暑熱，生長期從涼爽的秋季開始。扦插和葉插也以寒冬為最佳發根期，一旦變暖就不會長出新根。

栽培曆

月份	1	2	3	4	5	6	7	8	9	10	11	12
置放場所	日照良好，不會淋到雨的屋外					日照良好，不會淋到雨的屋外（50% 遮光）					日照良好，不會淋到雨的屋外	
給水	介質變乾就馬上給水						斷水				介質變乾就馬上給水	
其他	換盆移植、扦插繁殖										換盆移植、扦插繁殖	

春季（3～4 月）的管理：置於屋外日照、通風良好處管理。等介質變乾再給水，差不多 1 週 1 次左右。冬季期間若日照不足，植株的莖會細長虛弱，葉片顏色也不理想。修剪過長的莖部前端，讓植株恢復良好姿態。

梅雨季（5～6 月）的管理：性喜乾燥，梅雨季請移至不會淋雨、有屋簷的場所管理。介質乾燥速度會變慢，因此給水次數愈趨夏天漸次減少。

夏季（5～10 月）的管理：不耐高溫多濕，夏季請在通風良好、50% 遮光、只照得到晨光的場所休眠。幾乎不需要水，盛夏時 1 個月給水 1 次就十分足夠。原本屬於山地玫瑰屬（*Greenovia*）的山地玫瑰、鏡獅子、小型的桑德西和明鏡等等，斷水越夏會比較保險。黑法師若是日照弱，會退黑反綠。

秋季（11～12 月）的管理：天氣變涼爽就會長出新葉。因為進入生長期，休眠的植株也請移至日照良好的場所，給水也須增加。從夏季休眠醒來，是適合換盆移植的時期。雖然也須根據植株的大小與生長狀況來判斷，但基本上 2～3 年可換盆移植 1 次。

冬季（1～2 月）的管理：越冬溫度為 0°C 以上，介質變乾就立刻給水。室內培育容易因日照不足致使莖部過度伸長，請盡量置於日照良好的場所。

天錦章屬
ADROMISCHUS

景天科
南非原產
栽培難易度：★★★
春秋型　越冬溫度：0℃

苦瓜
Adromischus marianae
var. herrei

梅花鹿天章／赤水玉
Adromischus filicaulis

奇妙的造型和個性化的模樣充滿魅力。葉子前端呈蛋尖形或鏟子形、帶有暗紫色斑點的很多。品種的變化也很豐富，作為收藏品具有極高人氣。葉子的紋樣和色調，會因栽培環境而產生變化。生長有點慢，多為小型的灌木。

管理重點

幾乎多是強健種，若置於日照和通風良好的場所進行管理，會比較容易栽培。生長期是春季和秋季，具有寒冬和盛夏會休眠的特性。相當耐冷，因此也可放在屋外栽培，但請務必留意夏季的直射陽光。

栽培曆

月份	1	2	3	4	5	6	7	8	9	10	11	12
置放場所	日照良好，不會淋到雨的屋外				日照良好，不會淋到雨的屋外（50% 遮光）						日照良好，不會淋到雨的屋外	
給水	控制給水	介質變乾就馬上給水				控制給水					介質變乾就馬上給水	
其他						換盆移植、扦插繁殖						

春季（3〜4 月）的管理：春季是生長期，請置於日照和通風良好的場所管理。給水也是，介質變乾就立刻給水，施以肥料可用稀釋液肥取代給水。用葉插法可輕鬆繁殖，與石蓮屬的葉插相同，只要將葉子放在介質上，不久就會發根長芽。換盆移植與扦插繁殖也在此時期進行。

梅雨季（5〜6 月）的管理：不耐濕熱，請置於不會淋雨、通風良好的場所管理。介質變乾就給水，因乾燥速度變慢，差不多 1〜2 週給水 1 次。

夏季（5〜10 月）的管理：夏季是休眠期。請置於 50% 遮光、不會淋雨且通風良好的場所管理，盡量使其涼爽度過。休眠中也須偶爾給水，避免完全斷水。

秋季（11〜12 月）的管理：以春季為基準來栽培。置於日照和通風良好的場所，介質變乾就立刻給水。也施以肥料。可進行換盆移植、扦插、葉插。

冬季（1〜2 月）的管理：冬季也是休眠期。要確保 0℃ 以上的溫度，同時也須控制給水。室內培育容易因日照不足致使莖部過度伸長，請盡量置於日照良好的場所。冬季日照不足會徒長導致葉片不夠結實，形狀紊亂。

瓦松屬
OROSTACHYS

景天科
東亞原產
栽培難易度：★★★
夏型　越冬溫度：-5℃

子持蓮華錦
Orostachys boehmeri f. variegata

富士
Orostachys malacophylla var. iwarenge 'Fuji'

　　與景天屬近緣的屬，原產於日本和中國等東亞國家。有很多被歸類為山野草植物，須注意不耐盛夏高溫。小巧可愛的蓮座狀葉盤是其魅力所在。尤其是日本很早以前就栽培出的岩蓮華錦斑品種，像是富士、鳳凰、金星都很美麗，在國外也很有人氣。是栽培略顯困難的一族。

管理重點

　　夏型種從春季到秋季是生長期，只須留意炎夏的暑熱。冬季以越冬芽進行休眠，加上耐寒性強，除了富士等錦斑品種外，一年皆可在戶外栽培。

栽培曆

月份	1	2	3	4	5	6	7	8	9	10	11	12
置放場所	日照良好，不會淋到雨的屋外					日照良好，不會淋到雨的屋外（50% 遮光）					日照良好，不會淋到雨的屋外	
給水	控制給水	介質變乾就馬上給水					斷水			介質變乾就馬上給水		
其他			換盆移植、扦插繁殖								換盆移植、扦插繁殖	

春季（3～4月）的管理：春季是生長期。請置於日照和通風良好的場所管理，介質變乾就立刻給水，施以肥料可用稀釋液肥取代給水。換盆移植、扦插、葉插等作業，請在天氣變熱前進行。

梅雨季（5～6月）的管理：置於不會淋到雨、通風良好的場所管理。介質變乾就給水，因乾燥速度變慢，差不多1～2週給水1次。

夏季（5～10月）的管理：雖然是夏型種，但由於原生於山地，夏季置於通風良好的半日陰處，使其涼爽度過很重要。管理以卷絹屬（長生草屬）為標準，置於遮光50%左右的地方，或是只有中午前放在日照良好的場所，使其涼爽度過。介質變乾就立刻給水，但7～8月斷水會比較保險。富士和子持蓮華尤其不耐暑熱，必須遮光以避免直射陽光、保持良好通風，給予格外涼爽的管理。

秋季（11～12月）的管理：以春季為基準來栽培。置於日照和通風良好的場所，介質變乾就立刻給水，施以肥料可用稀釋液肥取代給水。此時也是最適合換盆移植、扦插、葉插的季節。植株一旦開花就會枯萎，所以花開後預先取下側芽，趁換盆移植時進行分株繁殖。

冬季（1～2月）的管理：形成越冬芽以越冬。耐寒性強可在戶外培育，但富士等錦斑品種的葉片會受傷，故請拿進室內。錦斑品種以外的則置於日照良好的場所，幾乎不須給水。

走莖前端可長出子株，切取栽種就能輕鬆繁殖。

伽藍菜屬
KALANCHOE

景天科
南非～中國原產
栽培難易度：★★★
夏型　越冬溫度：5℃

月兔耳
Kalanchoe tomentosa

不死鳥錦
Kalanchoe daigremontiana f. variegata

　　南非到馬達加斯加島為主約有 100 個種，姿態豐富多變的一族，從東南亞到中國也有些許分布。葉片的形狀和顏色很有個性，除了能欣賞葉色的微妙變化外，也有葉片前端會長子株的種類，非常有人氣。用葉插或扦插簡單就能繁殖。也有會開美麗花朵、作為盆花在市面上流通的種類。屬日長時間縮短就會長花芽的短日植物，養在夜晚明亮的地方就不會開花。

管理重點

　　春季到秋季生長的夏型種。5 ～ 10 月培育在戶外不會淋雨的場所。被歸類為容易栽培的一族，很多種類淋雨也可生長，但覆蓋細毛的種類，容易因風雨而汙損，建議放在室內明亮處栽培。

栽培曆

月份	1	2	3	4	5	6	7	8	9	10	11	12
置放場所	日照良好的屋外					日照良好，不會淋到雨的屋外				日照良好的屋外		
給水	控制給水				介質變乾就馬上給水							控制給水
其他						換盆移植、扦插繁殖						

春季（3～4月）的管理：天氣變暖和就移到外面一直培育到秋季。請置於日照和通風良好、不會淋到雨的場所進行管理。給水也是，介質變乾就立刻給水。肥料，則是以稀釋液肥替代給水。
換盆移植等5月過後再進行。用葉插可輕鬆繁殖，葉片小的連同部分莖幹一起切取，葉片大的則剪取半片葉子也可發芽。

梅雨季（5～6月）的管理：置於不會淋到雨、通風良好的場所管理。介質變乾就給水，因乾燥速度變慢，差不多1～2週給水1次。

夏季（5～10月）的管理：夏季保持良好通風很重要。因為是生長期，請置於日照良好的場所，給予足夠的水分以免介質變乾。

秋季（11～12月）的管理：延續夏季的生長期。置於日照和通風良好的場所，給予足夠水分以免介質變乾。換盆移植或葉插等作業在12月底前完成。

冬季（1～2月）的管理：雖然景天科的植物有許多耐寒的種類，但是伽藍菜屬並不耐寒，溫度低於5℃，生長狀況會不佳。台灣罕能遇到5℃以下低溫，如果有，可以斷水並短期移至室內窗邊，待氣溫上升再移至戶外。

各種伽藍菜屬。

景天屬（佛甲草屬）
SEDUM

景天科
北半球的溫帶～熱帶地區原產
栽培難易度：★★★
夏型　越冬溫度：0°C

信東尼
Sedum hintonii

乙女心　*Sedum pachyphyllum*

非常容易栽種，很受歡迎的多肉植物。許多種都兼具良好的耐熱性和耐寒性，依據種類特性，有的甚至用於屋頂綠化也沒問題。世界各地已知約有 600 個左右的原生種，交配種和園藝品種也很豐富，有葉片呈蓮座狀排列的類型，也有葉子圓鼓鼓的特色品種，或是小葉片群生的種類，具有多樣變化性，可說是組合盆栽不可或缺的貴重材料。

管理重點

基本上性喜日照。生長期涵蓋春季到秋季，但群生株須特別注意悶濕問題，要放在通風良好處。信東尼和香景天等小型種不耐夏天暑熱，須格外留意。

栽培曆

月份	1	2	3	4	5	6	7	8	9	10	11	12
置放場所	日照良好，不會淋到雨的屋外						屋外 30% 遮光，或避免西曬陽光			日照良好，不會淋到雨的屋外		
給水	控制給水	介質變乾就馬上給水										
其他			換盆移植、扦插繁殖									

春季（3～4 月）的管理：春季是生長期。請給予充分日照，介質變乾就立刻給水。須注意不可讓介質變成乾裂狀。小苗施以液肥數次替代給水，但須注意不可過量，尤其是若氮太多會導致徒長，秋天無法轉成漂亮的紅葉。換盆移植、葉插、實生等很適合在這個時期進行。

梅雨季（5～6 月）的管理：與春季培育在相同場所。佛甲草、玉緒、岩弁慶草等日本產的景天科種類，淋雨也沒有問題。介質變乾再給水，約 1～2 週 1 次。姬星美人、虹之玉、八千代、信東尼、玉綴、寶珠、*Sedum lutea*、薄化妝等外國產的不耐熱種類，嚴禁放在長時間淋雨、通風不佳的悶熱場所。

夏季（5～10 月）的管理：不太能承受盛夏陽光直射，所以請置於明亮涼爽的陰涼處管理。不耐熱的種類，請置於 30% 左右遮光的場所。盛夏須控制給水，介質變乾再給水，差不多 1 週 1 次左右。外國產的不耐熱種類，6～9 月放在涼爽的地方並控制給水，使其休眠。

切枝後放在通風良好處，很快就會發根。

秋季（11～12 月）的管理：延續春季的生長期。有的種類會在此時期轉紅葉，可享受觀賞樂趣。管理與春季相同，給予充足日照，介質變乾就立刻給予大量水分。須注意不可讓介質變成乾裂狀。

冬季（1～2 月）的管理：幾乎所有種類的耐寒性都很好，接近 0°C 的低溫依舊能安然越冬，但還是請放在不會受霜雪的地方，同時控制給水使其越冬。日本產的種類耐寒性強，放在戶外也可越冬。

仙女盃屬
DUDLEYA

景天科
墨西哥～亞利桑那州原產
栽培難易度：★★★
冬型　越冬溫度：0°C

仙女盃　*Dudleya brittoni*

維思辛達
Dudleya viscida

　　加利福尼亞半島到墨西哥約有 40 個原生種。從直徑 2～3cm 的小型種到 40～50cm 較大型的都有，表面覆蓋白粉如地墊般質感的葉片充滿魅力。名為「仙女盃」的 *Dudleya brittoni*，被稱為是世界上最白的植物。由於原生地是極度乾燥地帶，因此不耐多濕氣候，必須特別留意環境的通風。一觸碰葉片白粉會剝落，因此須注意避免觸摸葉片。

管理重點

　　非常喜歡日照，請一整年都置於接受直射陽光的場所培育。因為是冬型種，性喜乾燥環境，討厭多濕，夏季完全不要給水，且給水時須特別小心，若直接澆淋在葉片上會讓白粉剝落。

栽培曆

月份	1	2	3	4	5	6	7	8	9	10	11	12
置放場所	日照良好，不會淋到雨的屋外					屋外不會西曬的場所					日照良好，不會淋到雨的屋外	
給水	介質變乾就馬上給水					控制給水	斷水		控制給水		介質變乾就馬上給水	
其他	換盆移植、扦插繁殖										換盆移植、扦插繁殖	

春季（3～4 月）的管理：春季是延續冬季的生長期。請置於不會淋到雨、日照和通風良好的場所管理。天氣變熱前，介質變乾就立刻給水。覆蓋白粉的葉片避免直接澆淋，須從植株基部給水。施以肥料可用稀釋液肥替代給水。

梅雨季（5～6 月）的管理：置於不會淋到雨、通風良好的場所管理。介質變乾就給水，差不多 1～2 週給水 1 次。

夏季（5～10 月）的管理：夏季休眠，因不耐暑熱，故完全斷水使其休眠。置於不會淋雨、50% 左右遮光的陰涼處、或是只有中午前會照射陽光的場所，保持通風良好，使其涼爽度過。

秋季（11～12 月）的管理：以春季為基準來栽培。置於不會淋到雨、日照和通風良好的場所管理，介質變乾就立刻給水。即將到來的冬季是生長期，此時最適合換盆移植、扦插繁殖。使用排水性佳的介質，植株基部覆蓋木炭和珪酸鹽白土（Million 等等），根部較不易腐爛。也可實生繁殖。

冬季（1～2 月）的管理：耐寒性強，最低溫度確保在 5°C 即可生長。拿進室內若不控制給水，植株莖部會過度伸長。

帕奇菲拉　*Dudleya pachyphytum*

卷絹屬（長生草屬）
SEMPERVIVUM

景天科
歐洲中南部原產
栽培難易度：★★★
冬型　越冬溫度：-5℃

樹莓冰
Sempervivum 'Raspberry Ice'

玉光
Sempervivum arenarium

　　分布於歐洲到高加索、俄羅斯中部山岳地帶的蓮座狀多肉植物，已知約有 40 個以上的原生種。自古以來在歐洲就很受歡迎，有不少專門收集這個屬來栽種的多肉玩家。小型的卷絹等種類，在日本也是很早以前就有。因為雜交容易，所以市面上也推出了許多園藝品種，以小型種為主，色彩豐富多樣，充滿樂趣。

管理重點

　　一整年都能種在戶外，但須注意梅雨的多濕、夏天的暑熱會造成根部腐爛。用排水良好的介質種植，避免盆中出現滯留水分。走莖前端可增生子株。

栽培曆

月份	1	2	3	4	5	6	7	8	9	10	11	12
置放場所	日照良好，不會淋到雨的屋外											
給水	控制給水				斷水					控制給水		
其他	換盆移植、扦插繁殖										換盆移植、扦插繁殖	

春季（3～4月）的管理：冬、春季是最美的時期，同時也是生長期。請置於日照和通風良好的地方進行管理。介質變乾就立刻給水，施以肥料可用稀釋液肥替代給水。換盆移植時期是冬末春初（2～3月），走莖伸長會在前端增生子株，最好種在大型盆器並保持排水良好。介質雖不須特別挑選，但肥料成分少一點。切取子株栽種，很容易就能增生繁殖，也可用葉插繁殖。

梅雨季（5～6月）的管理：置於不會淋到雨、通風良好的場所管理。介質變乾就給水，差不多1～2週給水1次。

夏季（5～10月）的管理：夏季休眠，請置於50%左右遮光的陰涼處、或是只有中午前接受日照的場所，並保持通風，使其涼爽越夏。介質變乾就給水，但7～8月斷水比較保險。

秋季（11～12月）的管理：以春季為基準來栽培。置於日照和通風良好處，介質變乾就立刻給水，施以肥料可用稀釋液肥替代給水。此時也是最適合換盆移植、扦插、葉插的季節。

冬季（1～2月）的管理：卷絹屬是耐寒性強的冬型種。由於原生於氣溫低的山地，即使日本北海道等寒冷地帶也可栽種在戶外。台灣冬季是生長期，可以把握機會施予春季相同的管理。

各種卷絹屬（長生草屬）。

其他的景天科多肉植物

銀波錦屬 COTYLEDON

景天科
南非原產
栽培難易度：★★★
夏型
越冬溫度：0°C

　　以南非為中心已知約有 11 個種。肥厚的葉片很有個性，變化豐富，有的冬天會變色，有的表面覆蓋白粉，有的長了細毛，有的帶有光澤，葉子種類非常多樣。多數莖幹會伸長。喜歡日照和通風良好的場所，要培育強健的植株，建議栽種在戶外。盛夏時要避免陽光直射，置於半日陰處管理。休眠的冬季要移至日照良好的室內，並控制給水，但不是斷水，當葉子失去彈性時就需要給水。

熊童子錦
Cotyledon ladismithiensis f. variegata

瓦蓮屬 ROSULARIA

景天科
北非～亞洲內陸原產
栽培難易度：★★★
冬型
越冬溫度：-5°C

　　卷絹屬近緣的屬，從北非到亞洲內陸山地約有 40 個原生種。雖然多數屬小型種，但繁殖力強，經常群生。生長期是冬型，性質與卷絹屬很類似，栽培上的注意事項也大致相同。耐寒性強，即使是寒冷地區也可在戶外度過冬天。栽種在室內者，水分過多莖部容易過度伸長，故須控制給水量。

菊瓦蓮
Rosularia platyphylla

月美人屬（厚葉草屬） PACHYPHYTUM

景天科
墨西哥原產
栽培難易度：★★★
夏型
越冬溫度：0～5℃

　　墨西哥的高原已知約有 20 個種的小屬，淡色調的肥厚葉片很受歡迎，市面上很常見。雖是夏型種，但是盛夏時生長會遲緩，因此要控制給水量，並置於半日陰處管理。不耐寒，冬天須放在室內日照良好的場所管理。根易橫生蔓延，所以 1～2 年要移植 1 次。適合換盆移植的時機是春季或秋季。繁殖用葉插法或扦插法。

星美人錦
Pachyphytum oviferum f. variegata

立田鳳屬 SINOCRASSULA

景天科
中國原產
栽培難易度：★★★
夏型
越冬溫度：0℃

　　屬名是「中國 CRASSULA」之意，在雲南省等地的高地有數個已知種。市面上較常見的是名為「四路馬」的 *Sinocrassula yunnanensis*，多肉質葉片呈蓮座狀密集叢生。單一蓮座的直徑約 3～4cm，從植株基部長出子株群生。葉片長約 2cm，覆蓋有細毛。不喜歡高溫多濕，夏天須控制給水使其涼爽度過。花開後就會枯萎，請用葉插法繁殖後代植株吧！

四馬路
Sinocrassula yunnanensis

❷番杏科的多肉植物（女仙類）

高度多肉化的植物

以南非的乾燥地帶為中心，已知有一千多種的大型科，與景天科同為多肉植物的代表性一族。日本多肉植物玩家們多以其舊科名 *Mesembryanthemaceae* 的簡稱「メセン（女仙）」來稱呼，台灣玩家也暱稱為女仙或美仙。漢字的女仙相對於有刺仙人掌，是用來將無刺姿態隱喻為女性的用詞。

幾乎所有種類都會開紅色或黃色的漂亮大花朵，獨特的姿態也使其成為觀賞對象。

除了玉型女仙外，也有株型與松葉菊、彩虹菊這類普通花草相差無幾的種類，以花為主要觀賞重點的稱之為賞花型女仙。也有介於玉型女仙和賞花型女仙之間的種類。

多數種類的夏季栽培重點是不給水

以玉型女仙為首的多數種類，是原產自冬季降雨地帶，藉由吸取冬季的雨水生長。日本在冬季生長的冬型種也很多，夏季幾乎是斷水度過。在原產地，雖然耐寒性較強的種類很多，但是冬季移至室內會比較保險。

賞花型女仙也有部分是夏型種，不過雖說是夏型種，仍舊不太能適應夏季的高溫多濕。另外也有一整年皆可在種在戶外的強健種。

番杏科主要的屬

肉錐花屬

女仙類的代表性多肉植物，兩枚葉子合體成單一球體般的姿態非常可愛，鮮活生動的花朵也極具魅力。有許多原種，品種也很豐富。葉子的型態變化豐富，可分類成圓形、足袋形（蟹鉗形）、陀螺型、馬鞍型。另外，葉片的色彩、透明度、模樣等也因品種而有各式各樣的風貌，充分激發收集慾望。

玉彥
Conophytum obcordellum 'N Vredendal'

石頭玉屬（生石花屬）

是一種被稱為「活寶石」的玉型女仙。一對葉子和莖合體的奇妙模樣是其特徵，這是為了要防止動物啃食，保護自己而演化成的結果，擬態為石頭，隱身在石頭間棲息生存。頂部帶有花紋的葉窗，是吸收光線的地方。有紅色、綠色、黃色等色調和花紋，有很多品種在市面上流通。

日輪玉
Lithops aucampiae

雷童屬（露子花屬）

松葉菊的近緣，夏型的多肉植物。體質強健，露地栽培時，無須特別照顧就能生長良好，所以會被用來作為地被植物。開花性良好，只要條件適當，一整年都能開花。耐寒性強，所以也有「耐寒性松葉菊」的稱號。

史帕曼
Delosperma sphalmantoides

原生自南非，盛開美麗花朵的 *Carpobrotus quadrifidus*。　photo／Mizuho Onodera

混生在石頭中的 *Argyroderma delaetii*。　photo／Mizuho Onodera

肉錐花屬
CONOPHYTUM

番杏科　南非原產　栽培難易度：★★★　冬型　越冬溫度：5°C

御所車　*Conophytum* 'Goshoguruma'
短短的心形葉子，加上捲曲的花瓣是其特徵。6～8月要完全斷水休眠。9月脫皮後，會長至 2～3 倍大。照片這株整體寬度約 5cm。

花車　*Conophytum* 'Hanaguruma'
中型的足袋形肉錐花屬。花瓣呈漩渦狀，是「卷花系」的代表。花是橘紅色，中心部分是黃色。

信濃深山櫻
Conophytum 'Shinanomiyamazakura'
大型的足袋形肉錐花屬，會開粉紅色的美麗大型花朵。花的直徑約 3cm，白天綻放、晚上閉合。照片這株寬約 8cm、高約 5cm。

威帝柏根　*Conophytum wittebergense*
這株屬於窗上斑點不相連的類型，顏色偏藍綠色。花較晚開，秋季到冬季會開出白色細瓣的花朵。

桐壺
Conophytum ectypum var. *tischleri* 'Kiritubo'
是 *Conophytum ectypum* var. *tischleri* 的大型優良種。葉子帶黃色，頂部的線條紋路清晰鮮明，非常美麗。

大燈泡　*Conophytum burgeri*
渾圓的模樣深受喜愛的肉錐花屬。葉子是帶有透明感的漂亮綠色，休眠期前會染上紅色。夏季時容易腐爛，須小心注意。

　　在南非乾燥地帶已知約有 200 個種。葉子形狀除了分成足袋形、馬鞍形、圓形，還有中間系，或是再更細的分類。小型的很多，一對葉子約數公釐到數公分左右，用小型盆器就能培育，因此很適合收藏。一對葉子，一年會脫皮一次長出新葉。生育良好的話，會從一對葉子長出兩對葉子，很快就會群生。伴隨葉子可愛姿態的漂亮花朵也很有魅力，紅色、白色、粉紅色、黃色、紫色，色彩豐富。在明亮的太陽下多會開花，也有夜晚會開花的種類，夜晚開的花雖然不那麼華麗，但帶有淡淡的香氣。

管理重點

冬季生長的冬型種。夏季幾乎完全斷水比較保險。只不過,有的小型種極度乾燥會萎縮無法恢復,建議 1 個月給予 1 次少量的水分。一旦給水過多就會導致腐爛,因此如何拿捏給水量是困難之處,是連老手都很難長年維持良好狀態的「棘手品種」。

秋季到冬季給予適當水分就能健康生長。一整年皆可放在屋外有屋簷的地方栽培。

栽培曆

月份	1	2	3	4	5	6	7	8	9	10	11	12
置放場所	日照良好,不會淋到雨的屋外											
給水	介質變乾就馬上給水				控制給水		斷水		控制給水		介質變乾就馬上給水	
其他	換盆移植、扦插繁殖										換盆移植、扦插繁殖	

春季(3〜4月)的管理:延續冬季的生長期。置於日照和通風良好、戶外有屋簷的地方,給予充足日照加以管理。給水約 1 週 1 次左右,介質變乾後 2〜3 天,給予大量的水分。

這個時期若植株產生皺紋,變得不健康,請從盆器中拔出檢查一下根部,若已腐爛就切除,使其長出新根。置放陰涼處 2〜3 天使其風乾,用乾淨介質栽種。栽種後 3〜4 天須控制給水。

梅雨季(5〜6月)的管理:5月進入休眠期,置於不會淋雨、通風良好的場所,7、8月斷水等待秋天的來臨。葉子表面若出現皺紋,可不用擔心。

夏季(5〜10月)的管理:夏季休眠,置於不會淋雨、20%〜50% 遮光的涼爽半日陰處。不過小型種過於乾燥會枯萎,因此禁止完全斷水。1 個月給水 1〜2 次左右,讓介質保持些許濕潤。

休眠中的肉錐花屬。看似枯萎,其實裡面正在發新葉。

秋季(11〜12月)的管理:生長期,同時也是開花期,可欣賞美麗的花朵。由於氣溫開始下降,變褐色的皮會裂開,看得見新葉。一旦開始脫皮就開始給些許水,到了 12 月約 1 週給水 1 次,將大量的水分澆至盆器中。置於日照和通風良好的場所,小苗可 1 個月施用稀釋液肥 2 次左右,或是放置有機肥。肉錐花屬是意外喜歡水分和肥料的植物。換盆移植等作業可在此時期執行。

冬季(1〜2月)的管理:請延續秋季,置於日照良好的陽台或屋簷下管理。介質變乾再給水,約 1 週 1 次左右。耐寒性較強,零下 2〜3℃ 都挺得住。若移到室內,白天稍微打開窗戶以利通風。日照不佳的場所,請於溫暖的中午放在戶外照射陽光,夜晚再取回室內。

新葉開始生長,用鑷子等工具去除舊葉子。請注意別弄傷新葉。

石頭玉屬（生石花屬）
LITHOPS

番杏科　南非原產　栽培難易度：★★★　冬型　越冬溫度：5°C

青磁玉　*Lithops helmutii*
擁有透亮綠色的石頭玉屬。容易群生，能長成大型植株。於晚秋綻放黃色花朵。

瑞光玉　*Lithops dendritica*
葉窗部分有樹枝形狀的圖案。大多數的石頭玉屬是在秋天開花，但是這個種大多是在春季至夏季之間開花。

李夫人　*Lithops salicola*
灰綠色表皮的葉片直立生長，屬於容易栽種的石頭玉屬。頂面有茶色圖案和黃色斑點，於秋季綻放白色花朵。

朱唇玉　*Lithops karasmontana* 'Top Red'
鮮豔的紅色斑紋非常明顯，是花紋玉（*Lithops karasmontana*）的改良品種。頂面平坦，且形狀均勻美麗，花為白色。

白花黃紫勳　*Lithops lesliei* 'Albinica'
擁有美麗綠色外形的一種紫勳（*Lithops lesliei*）品種。

紅橄欖
Lithops olivacea var. *nebrownii* 'Red Olive'
美麗的紅紫色外形，是很受歡迎的石頭玉屬。葉窗部分花紋很少，帶著透明感。也可稱為「紅橄欖玉」。

「Lithos」在希臘語是石頭的意思。*Lithops* 這個屬名帶有「與石頭相似」的意味，恰如其名是種如同小石頭般不可思議的植物。原產於南非、納米比亞、波札那等海拔較高的地方，已知約有 100 個原生種。在日本也有超過 60 個種在市面上販售。所有種類的形狀幾乎相同，極度多肉化的一對葉子，埋在沙土或石頭裡，只從地表露出頂部。頂部帶有各式花紋的葉窗，是吸收光線的地方。有紅色、綠色、黃色等美麗的色彩和花紋，有的具透明感，市面上也有許多交配種和園藝品種，是收集性很高的一個屬。

管理重點

生長期是秋季到春季的冬型種。夏季請完全斷水，春季氣溫一旦回升就減少給水，進入 6 月則停止給水。雖然表面會失去光澤，但在秋季來臨之前請不要給水，細心呵護使其生長。春季與入秋之際會脫皮長出新葉。

性喜日光，秋季到春季請置於日照和通風良好的地方管理。多原產自高地，夜間溫度經常降至 0°C 以下，因此耐寒性很強。

栽培曆

月份	1	2	3	4	5	6	7	8	9	10	11	12
置放場所	日照良好，不會淋到雨的屋外											
給水	介質變乾就馬上給水				控制給水		斷水		控制給水		介質變乾就馬上給水	
其他	換盆移植、扦插繁殖										換盆移植、扦插繁殖	

春季（3～4 月）的管理：生長期是 10～5 月，高峰期是秋季，冬季會稍微停止生長，到了 3 月再度開始生長。置於日照和通風良好的場所，1 週大量給水 1 次左右。到了 5 月氣溫上升後生長會變慢，葉片一旦出現皺紋就停止給水。

梅雨季（5～6 月）的管理：5 月進入休眠期。葉子表面會變得彷彿枯萎，因此一邁入 6 月就完全停止給水，並置於不會淋雨、通風良好的場所管理。日照也施以 20%～50% 左右的遮光。有的種快則 7 月就會脫皮長出新葉，秋季來臨前持續斷水，使其度過夏天。

夏季（5～10 月）的管理：不耐高溫多濕，夏季請斷水使其休眠。只會照射到晨光的場所最理想，沒有的話則放在 30% 左右遮光、通風良好的涼爽場所使其休眠。不須給水。因為並非肉錐花屬這類小型種，因此很能適應乾燥。只不過，實生的小苗在休眠期也應避免乾枯，偶爾給予少量水分或用注射器給水。

秋季（11～12 月）的管理：氣溫一下降就開始給水。11 月 1 週 1 次左右，給予大量水分。置放場所須日照和通風良好。為了迎接生長高峰期，請 1 個月施用液肥 2 次左右，或是置放有機肥。

播撒的種子大量發芽的石頭玉屬。中間的親株結有果實。

冬季（1～2 月）的管理：耐寒性強，零下 5°C 左右也耐得住。置於日照良好、不會受到北風侵襲的場所管理。因生長變慢的關係，給水差不多 1 個月 2 次就可以了。

其他的管理：用分株和實生繁殖。實生是在秋季播種，到隔年 5 月為止盡量培育長大，使其能夠順利地在第一個夏季採收種子是重點所在。石頭玉屬容易自然受粉，很容易產出雜交種，若要製作純粹種，則必須與其他種分開種植。

石頭玉屬經數年栽培可形成壯觀的群生植株。換盆移植時不可恣意分開，須小心處理。從群生植株取得的單頭苗，簡單即可扦插繁殖。介質使用些許多肉植物專用培養土，盆底放入乾燥完熟雞糞或魔肥等基肥，最後在根系基部覆蓋砂礫或輕石以防根系過度潮濕。

休眠中過度乾燥的石頭玉屬。這種乾燥程度，若從秋季開始給水就能復活。

其他的番杏科多肉植物（女仙類）

金鈴屬 ARGYRODERMA

寶槌玉　*Argyroderma fissum*

番杏科
南非原產
栽培難易度：★★★
冬型
越冬溫度：5°C

　　在南非開普省已知約有 50 個種，其屬名意指「銀白色的葉子」。光滑的葉子以 2 片為一組交互對生，生長年數較久時會形成群生。葉子主要是青磁色，但也有帶紅色的情況。雖然是冬型，但是秋季至冬季的生長期，若過於潮濕，葉身容易破裂。照片中的寶槌玉是金鈴屬中的小型種，高度約 4cm。

碧魚連屬 BRAUNSIA

碧魚連　*Braunsia maximiliani*

番杏科
南非原產
栽培難易度：★★★
冬型
越冬溫度：0°C

　　在南非南端有 5 個已知種的小屬。莖向上匍匐生長，莖上長了許多肉質的葉子。冬季至初春會開粉紅色的花朵。夏季置於通風良好的場所，避免陽光直射。冬季要維持 0°C 以上。也有人使用「*Echinus*」這個屬名。照片中的碧魚連是最普及的人氣種，莖會橫向延伸，初春時會開 2cm 左右的粉紅色花朵。

繪島屬 CEPHALOPHYLLUM

皮蘭西　*Cephalophyllum pillansii*

番杏科
南非原產
栽培難易度：★★★
冬型
越冬溫度：5°C

　　原產於南非西南部，已知約有 50 個種，會開黃色、紅色、粉紅色等美麗的花朵。屬於冬型，夏季需要休眠，並減少給水量，移至陰涼處栽培。秋季時用扦插法就能繁殖。照片中的皮蘭西會在地面攀爬蔓延群生，開出直徑約 6cm 的黃色花朵。

神風玉屬 CHEIRIDOPSIS

布朗尼　*Cheiridopsis brownii*

番杏科
南非原產
栽培難易度：★★★
冬型
越冬溫度：0°C

　　含有大量水分，高度肉質化的番杏科植物。在南非已知約有 100 個種，葉子有半圓形、細長圓筒狀。秋季到春季的冬型種，基本上從梅雨季到 8 月中要斷水，夏季避免直射陽光。不喜歡過度潮濕的環境，要注意通風。初秋會脫皮，長出新葉。照片中的布朗尼是從植株基部長出 2 瓣多肉質葉片並向外展開，冬季至初春會開出黃色花朵。

龍幻屬 DRACOPHILUS

夢蒂斯　*Dracophilus montis-draconis*

番杏科
南非原產
栽培難易度：★★★
冬型
越冬溫度：0°C

　　原生於南非的西南端海岸，已知有 4 個種。肉質葉片為白青磁色，兩兩成對生長，很快就能長成群生株，開出淺紫色花朵。生長期在冬季，冬季時室溫要維持在 0°C 以上。照片中的夢蒂斯是龍幻屬的代表種，葉子長度約 3 ～ 4cm，到了冬季會轉成紅色。

四海波屬 FAUCARIA

嚴波／巖波　*Faucaria* sp.

番杏科
南非原產
栽培難易度：★★★
冬型
越冬溫度：0°C

　　在南非已知約有 30 個原生種，也有許多交配種。其特徵是葉片邊緣長著許多鋸齒狀的刺。雖然栽培難度不高，但是不喜高溫多濕，所以夏季斷水或給極少的水。另外也要注意不要淋到雨。原產地是比較溫暖的環境，所以冬季要移至室內。照片中的嚴波是四海波屬的代表種，交配親種不詳。

其他的番杏科多肉植物（女仙類）

群玉屬 FENESTRARIA

五十鈴玉　*Fenestraria aurantiaca*

番杏科
南非原產
栽培難易度：★★★
冬型
越冬溫度：0℃

在南非已知有 1 ～ 2 個種，是帶有圓柱狀葉子的番杏科植物。在原產地，據說只有葉片前端的葉窗會伸出地表，其餘部分潛伏在土底下。一般栽培不能深植，會過度潮濕而造成腐爛。非常不耐高溫多濕，夏季要完全斷水，不能淋雨。秋季到春季這段生長期，也要置於通風良好的地方，給水量也要控制。

藻玲玉屬 GIBBAEUM

無比玉　*Gibbaeum dispar*

番杏科
南非原產
栽培難易度：★★★
冬型
越冬溫度：0℃

在南非已知約有 20 個種。葉子有球型或是稍微細長型，會從成對葉子的中央裂開，長出新的葉子。雖然在較難栽培的冬型番杏科中算是容易培育的，但夏季完全斷水使其休眠較為保險。經常分球所以容易繁殖。照片中的無比玉表面布滿許多細毛，秋季到冬季會開粉紅色花朵。

寶祿屬 GLOTTIPHYLLUM

碧翼　*Glottiphyllum longum*

番杏科
南非原產
栽培難易度：★★★
冬型
越冬溫度：0℃

在南非已知約有 60 個種。大部分都是長著三稜形～舌狀的肉質葉片，開黃色的美麗花朵。在冬型番杏科中算容易栽種的，比較耐熱耐寒，溫暖地區的冬季放在戶外也能生長。體質強健，容易繁殖。照片中的碧翼，會從多肉質葉片的中間綻放黃色花朵。

麗玉屬 IHLENFELDTIA

麗玉　*Ihlenfeldtia vanzylii*

番杏科
南非原產
栽培難易度：★★★
冬型
越冬溫度：0°C

　　最近才從神風玉屬分離出來的新屬，在南非已知約有3個種。會長出成對的多肉質葉片，並從葉片中間綻放帶有光澤的黃色花朵。日本市面上一般只會看到麗玉這個種，會開高度約5cm的黃色花朵。在原生地會長成如石頭般的群生株。

魔玉屬 LAPIDARIA

魔玉　*Lapidaria margaretae*

番杏科
南非原產
栽培難易度：★★★
冬型
越冬溫度：0°C

　　從南非到納米比亞的海拔660～1000m的乾燥地帶，已知只有魔玉一個種，是1屬1種的多肉植物。彷彿石頭裂開般的獨特姿態，通常1年會長出2～3對的泛白多肉質葉片，冬季會綻放黃色花朵。持續生長會形成群生株，但因生長緩慢，需要較多時間。

妖鬼屬 ODONTOPHORUS

騷鬼　*Odontophorus angustifolius*

番杏科
南非原產
栽培難易度：★★★
冬型
越冬溫度：0°C

　　在南非西北部的納馬庫蘭（Namaqualand）已知有5～6個種的小屬，日本人替它們取了「妖鬼」、「騷鬼」、「笑鬼」、「歡鬼」等有趣的名字。葉子邊緣和前端帶有軟刺，會開白色到黃色的花朵。夏季要斷水並置於陰涼處，冬季要置於室內日照良好的地方，最低溫度維持0°C以上。照片中的騷鬼，鋸齒葉片向左右展開，較容易形成群生。

其他的番杏科多肉植物（女仙類）

風鈴玉屬 OPHTHALMOPHYLLUM

番杏科
南非原產
栽培難易度：★★★
冬型
越冬溫度：0°C

　　在南非開普省周圍約有 20 個原生種，屬於小型的番杏科。由對生葉片組成的圓筒形姿態，與肉錐花屬非常相似，也有人認為是肉錐花屬。葉片有綠色、紅色、粉紅色等顏色，葉片前端的透明大葉窗非常美麗，很受人歡迎，花也很漂亮，市面上有許多園藝品種。性質和栽培方法與肉錐花屬大致相同。照片中的秀鈴玉，是帶有美麗綠色透明葉窗的人氣種。

秀鈴玉
Ophthalmophyllum schlechteri

琴爪菊屬 OSCULARIA

番杏科
南非原產
栽培難易度：★★★
冬型
越冬溫度：0°C

　　只有數種原生自南非開普半島的小型屬。體質強健、花朵漂亮的白鳳菊和琴爪菊（*Oscularia caulescens*），很早之前就有人栽種。莖會向上生長形成灌木狀。雖是冬型種，但也耐暑熱，所以也有人歸類為夏型種。照片中的白鳳菊，其覆蓋一層白粉的肉質葉片十分漂亮，春季會綻放美麗的粉紅色花朵。

白鳳菊
Oscularia pedunculata

帝玉屬 PLEIOSPILOS

番杏科
南非原產
栽培難易度：★★★
冬型
越冬溫度：0°C

　　在南非已知約有 30 個種的大型玉型女仙，圓滾滾的葉子與斑點花紋很受歡迎。要讓葉子的形狀肥厚飽滿，重要關鍵在於春季和秋季的生長期給予充足日照。這段期間若日照不足，生長就會停止，花也會開不好。夏季時要移至通風良好的涼爽場所並斷水。照片中的帝玉直徑約 5cm，耐寒性較強，冬季放在戶外也能生長。

帝玉
Pleiospilos nelii 'Teigyoku'

紫晃星屬 TRICHODIADEMA

番杏科
南非原產
栽培難易度：★★★
冬型
越冬溫度：0°C

　　在南非的分布區域廣大，包含約 50 個種的大屬。葉片小，前端長著細刺。花有紅色、白色、黃色等多種色彩。長年栽種的話，根莖會肥大的一種塊根植物，具有獨特風格。非常耐寒，冬季可在戶外栽培。照片中的紫晃星是會開美麗粉紅色花朵的種類，長年栽種的話，植株基部會變肥大。

紫晃星
Trichodiadema densum

❸蘆薈類的多肉植物

大小多樣的人氣多肉植物

蘆薈科（獨尾草科）是在非洲、阿拉伯半島等地已知約有 700 個種的大家族，主要的屬有蘆薈屬、鷹爪草屬、臥牛屬。以前雖然和其他多數的屬一起歸類在百合科裡，最近上述的屬已被整合進蘆薈科（獨尾草科）。

蘆薈屬是日本最廣為人知的多肉植物，木立蘆薈 *Aloe arborescens*、庫拉索蘆薈 *Aloe vera* 更是知名的健康食品。五叉錦（鵯鴒錦）*Aloe pillansii* 雖然也能夠長到 10m 以上，但小型的種類則作為多肉植物來培育。

鷹爪草屬是在南非已知約有 200 個原生種的小型多肉植物。從葉子的性質可區分成軟葉系和硬葉系。軟葉系的代表，是玉露／玉章（*Haworthia obtusa*）這類擁有透明葉窗的種類，接收光線就會閃閃發亮，非常美麗。也有葉片彷彿被白色蕾絲包覆的種類。硬葉系的代表，是十二之卷（*Haworthia attenuata*）及其相關品種，葉片帶有白色斑點可享受多樣變化。葉片前端像被切掉的萬象（*Haworthia maughanii*）、如扇子般左右長出葉片的玉扇（*Haworthia truncata*），也都隸屬於鷹爪草屬，從以前就充滿觀賞樂趣。

臥牛屬和炎之塔屬是鷹爪草屬的近緣，栽培方法大致上以鷹爪草屬為準。

蘆薈屬是夏型，鷹爪草屬是冬型（春秋型）

蘆薈屬強健的種類很多，只要多留意冬天的寒冷就能健康生長。一整年皆須置於日照良好的地方。

鷹爪草屬等冬型（春秋型）種，夏季請置於涼爽的地方，冬季則置於不會受凍的地方管理。水分也須控制，即使是夏季也避免完全斷水，1～2 週給水 1 次，給予少量的水分。萬象、玉扇的栽培方法也大致相同，置於半日陰的場所就能長得健康漂亮。

原產於南非到納米比亞的二歧蘆薈（*Aloe dichotoma*）。蘆薈屬中最大型的種類，可生長至 10m 高左右。
photo／Mizuho Onodera

蘆薈科主要的屬

蘆薈屬

從葉子如蓮座狀展開的種類,到能長到 10m 以上如大樹般的種類,可謂種類繁多。在日本被稱為「無須求醫」的木立蘆薈,和可食用的庫拉索蘆薈特別有名,體質強健且耐寒性強,在溫暖地帶也可栽種在庭園。被當成興趣栽培的,則有:所羅門王之碧玉冠、雪花蘆薈、不夜城等小型的種類。

獅子錦
Aloe broomii

鷹爪草屬

從葉子的性質可區分成軟葉系和硬葉系。「軟葉系」以有透明葉窗的玉露等種類為代表,葉片有前端帶透明光澤的、粗糙不光滑的、許多細毛形成蕾絲狀的等各式種類,也有帶有漂亮斑點的品種。「硬葉系」的種類以冬之星座和十二之卷為代表。葉片前端彷彿被刀具切段的萬象、長成扇形的玉扇,也是隸屬於鷹爪草屬。

玉露/玉章(軟葉系)
Haworthia obtuse

冬之星座(硬葉系)
Haworthia maxima

臥牛屬

以南非為中心已知約有 30 個種的屬,肥厚的硬質葉片呈互生放射狀展開。其中又分成葉子表面粗糙的「臥牛」系統,以及葉子表面光滑的「恐龍」系統。「臥牛」在日本很早以前就開始栽培,透過交配進行改良,已產出許多品種。

臥牛
Gasteria armstrongii

蘆薈屬
ALOE

蘆薈科（獨尾草科）　非洲南部～馬達加斯加原產　栽培難易度：★★★　夏型　越冬溫度：0°C

三隅錦　*Aloe deltoideodonta*
有許多變種和交配種，也有許多名稱。
照片中的是其中一個優型種，寬度約
15cm。

德古拉之血　*Aloe 'Dracula's blood'*
很多蘆薈是用雪花蘆薈交配出來的，但這
個品種是由美國的 Kelly Griffin 交配育出。
照片這株寬約 15cm。

所羅門王之碧玉冠　*Aloe polyphylla*
本來是不容易栽培的種，但隨著栽培技術
的進步，已逐漸普及化。長成之後，葉子
會呈漂亮的螺旋狀排列。屬高山植物，故
不耐熱。

千代田錦　*Aloe variegata*
漂亮的天然斑點很引人注目。自然地形成
群生株。跟素芳錦（*Aloe sladeniana*）很
像，但更容易栽種，所以更為普及。照片
這株寬約 15cm。

庫拉索蘆薈　*Aloe vera*
被廣泛用於化妝品，此外，它的葉子也被
當成健康食品在超市裡販售。即使交配也
無法取得種子。照片這株高約 50cm。

乙姬之舞扇／青華錦　*Aloe plicatilis*
在日本種植約 20 年左右可長至 2m 高。
終生葉子都成互生排列，枝葉生長良好，
能長成漂亮又強健的株型。照片這株高約
1m。

　　在非洲大陸有 250 個種、馬達加斯加有 50 個種、加上變化形總計超過 400 個種的大家族。從直徑
3cm 左右的小型種，到高 10m 以上的大型樹木等樹形種，種類繁多，但是以作為興趣栽培的多肉植物
等小型種為中心，也製作出許多園藝品種。擁有美麗形狀和葉片紋樣的種類很多，會綻放紅色、黃色、
白色等漂亮的花朵。很多在冬天會開花這點也很受歡迎。

管理重點

　　除了所羅門王之碧玉冠、眉刷毛錦等數個栽培困難的種外，大多屬於容易栽培。生長期是春季至秋季的夏型種，耐暑熱。日照不足會造成徒長現象，有些種冬季放戶外也能生存。栽培困難的種類，若使用與原產地地質相近、含石灰質的土壤，會比較容易栽種。

栽培排程表

月份	1	2	3	4	5	6	7	8	9	10	11	12
置放場所						屋外日照良好的場所						
給水	控制給水				介質變乾就馬上給水						控制給水	
其他					換盆移植、扦插繁殖							

春季（3～4月）的管理：4月中旬到10月底請置於日照良好的戶外培育。不會淋到雨、通風良好的場所最理想。只不過，小型的種類（羽生錦、黑魔殿）或是覆蓋白粉的種類（柏加蘆薈、Aloe pachygaster），一整年盡量放在溫室栽培。給水1週1次，大量給予。肥料可1個月施用稀釋液肥1～2次，或是置放有機肥。春季是適合換盆移植或繁殖的季節。大型的種類，請移植到大一點的盆器中。雖然不可葉插，但可切取莖部扦插，或是從植株基部切離子株種植。

梅雨季（5～6月）的管理：庫拉索蘆薈等強健的種類淋雨也沒關係。其他的種類請置於不會淋到雨、通風良好的場所管理。水分等介質乾燥再給就可以了。

夏季（5～10月）的管理：因耐熱性強，故比照春季管理。置於日照和通風良好的場所，給水約1週1次左右，等介質變乾再給，不施肥料。只不過，日照太強的話也可能讓葉片曬傷，因此炎夏時請施以30～50%的遮光。尤其是羽生錦、第可蘆薈、Aloe compressa、女王錦／琉璃孔雀、Aloe Africana 等種，除了夏季外也建議照常遮光。和鷹爪草屬、臥牛屬等性喜半日陰的種類一起栽培也不錯。另外，被歸為栽培困難種的 Aloe haemanthifolia、所羅門王之碧玉冠、Aloe laeta 等高山種類，和 Grass Aloe 則以冬型種的方式來管理。夏季置於陰涼處使其涼爽度過，冬季則盡可能保暖使其生長。

秋季（11～12月）的管理：比照春季，置於日照和通風良好的場所培育。給水1週1次左右，介質變乾再給。與春季一樣施以肥料。

冬季（1～2月）的管理：雖然木立蘆薈和其他部分種類在屋外也可越冬，但多數種類較不耐寒，溫度在5℃以下就無法生長，最低溫度不宜低於0℃，使其休眠。若不是小型植株，可1～2個月不給水。木立蘆薈等強健種雖然四季會開花，但一般來說，通常是在12～3月開。

其他的管理：換盆移植和分株在5～10月都適宜，體質強健，除了寒冬外皆可進行。單頭不會長側芽的種類，可縱向切開蓮座，或是保留下方葉片地切取莖部，使其長出側芽。切取下來要充分風乾後再行扦插，5～10月之間隨時都可進行。雖然實生選在10月是最棒的時機，但絕大部分的發芽率都不高。交配的部分，開在下方的花比較容易受粉，末端的花較難受精。可與臥牛屬交配。

切取下來的莖充分風乾，
待長出根後再栽種。

鷹爪草屬（軟葉系）
HAWORTHIA

蘆薈科（獨尾草科）　非洲南部～馬達加斯加原產　栽培難易度：★★★　春秋型　越冬溫度：0℃

多德森紫玉露
Haworthia obtuse 'Dodson Murasaki'
玉露的一個品種，葉子帶有紫色增添美感，葉窗也大而美麗。一整年都要放在明亮的半日陰處管理。

白銀壽／皮克大
Haworthia emplyae 'Picta'
葉子表面粗糙的鷹爪草屬，上面葉窗有著複雜的白色花紋。照片這株的白點分散，是白銀壽的基本花紋類型。

黑玉露（錦斑品種）
Haworthia obtusa f. variegata
玉露的葉子覆蓋黑色的種類稱為黑玉露。照片這株屬於錦斑品種，是葉窗大且帶有黃斑的美麗品種。

　　圓形葉片伸展成蓮座狀，生長成半球體。雖然稱為軟葉系，但葉子仍有許多堅硬的部分。玉露這類有透明葉窗的種類是其代表，其他還有葉子前端渾圓／銳利、葉窗柔軟／粗糙、葉緣細刺成蕾絲狀等各式種類。根據葉子顏色和葉窗紋樣的微妙變化可區分出許多品種，收集起來樂趣無窮。近年來藉由優形種的交配培育出許多園藝品種，日本也有交配出非常出色的品種。花朵以白色居多，因為偏小型，不被當作觀賞對象。

管理重點

原產地是斜坡岩石後方隱蔽處這類不太會接觸強烈日照的場所，因此置於半日陰處培育，比較能夠漂亮生長。生長期是春季和秋季，此時期不要讓介質過於乾燥，一乾就立刻給水。夏季栽培須注意暑熱，施以 70% 以上的遮光，盡量維持良好通風。冬季管理應避免凍傷。種植多年後，莖會變得像山葵一樣，很難長出新生的根，因此要切掉再生使其恢復生長。

栽培曆

月份	1	2	3	4	5	6	7	8	9	10	11	12
置放場所	室內窗邊，或不會淋到雨的屋外（50% 遮光）				室內窗邊，或不會淋到雨的屋外（70% 遮光）					室內窗邊，或不會淋到雨的屋外（50% 遮光）		
給水	介質變乾就馬上給水				控制給水					介質變乾就馬上給水		
其他	換盆移植、扦插繁殖									換盆移植、扦插繁殖		

春季（3～4 月）的管理：置於屋外通風良好處培育。放在接受直射陽光的場所容易曬傷，請置於 50% 遮光的場所培育。給水 1 週 1 次左右，介質變乾就給予大量水分。肥料在 3～4 月時給 4 次左右，施以稀釋液肥。換盆移植在 5 月前執行。春季也是適合葉插和根插的時期。

梅雨季（5～6 月）的管理：5～10 月休眠。置於不會淋到雨的地方，給水少一點。梅雨放晴之際的日照會讓葉片曬傷，請施以 70% 遮光。不施用肥料。

夏季（5～10 月）的管理：夏季也是休眠期。置於 70% 遮光、良好通風的場所，使其涼爽度過。給水 2 週 1 次左右，保持乾爽地進行管理。不施用肥料。

秋季（11～12 月）的管理：秋季是生長期。保持空氣濕度，用黑紗網施以 50% 遮光，給多一點的水來培育。11 月是適合換盆移植和繁殖的時期。小心新生的白色根，整理舊根，趁變乾前盡快完成栽種。建議移植到大一點的深盆中。換盆移植 2～3 年 1 次即可。秋季也是適合葉插和根插的時期。

冬季（1～2 月）的管理：台灣冬季是生長期，可給予春、秋兩季的管理要點。耐寒性強，可忍受零下 4℃ 的低溫，但建議確保 0℃ 以上的溫度，避免根系完全乾燥地控制給水。

德拉信斯　*Haworthia transiens*
長有許多明亮高透明度葉片的小型鷹爪草屬。蓮座直徑約 4～5cm。栽培容易，也經常繁殖子株。

史普壽　*Haworthia springbokvlakensis*
扁平寬大的葉窗模樣清晰可見，如同矮版萬象的優良種。常被用作交配親本。

賽米維亞　*Haworthia semiviva*
美麗蕾絲系的鷹爪草屬。長了許多白色蕾絲狀的細毛，幾乎看不到葉子表面。

1 從植株基部長出許多子株，是移植、
分株必要的植株。

2 從盆器中拔出的狀態。雖然有健康的根，
但是枯萎的根也很多。

3 去除枯萎的根，分出親株和子株。

4 各別栽種植株。小的子株可混合栽種。

5 鷹爪草屬等根部肥大的種類，
避免根部乾掉很重要。移植後
須馬上給水。

鷹爪草屬（硬葉系）
HAWORTHIA

蘆薈科（獨尾草科）　非洲南部～馬達加斯加原產　栽培難易度：★★★　春秋型　越冬溫度：0℃

霜降十二之卷
Haworthia attenuata 'Simofuri'
十二之卷有許多不同的樣貌，這株的白色帶狀條紋特別粗，種得很漂亮。也有人稱之為超級斑馬（super zebra）。

天使之淚
Haworthia 'Tenshi-no-Namida'
把葉子上的白色花紋比喻為「天使之淚」而來的名字。是瑞鶴（*Haworthia marginata*）的交配種。

迷你甜甜圈·冬之星座
Haworthia maxima(pulima) 'Mini Dounts'
照片這株是極小型的扁平種，小巧可愛很有人氣。*maxima* 或 *pulima* 兩個學名都有人使用。

　　鷹爪草屬中葉子較硬的稱為「硬葉系」鷹爪草屬。植株姿態與蘆薈屬和龍舌蘭屬很類似。前端呈尖銳三角形的葉子形成放射狀。也有莖部向上延伸長成塔狀的種類。代表種是「冬之星座」和「十二之卷」，葉子沒有透明葉窗。葉子附有許多白色斑點，有各式各樣不同白點形狀和大小的品種被培育出來。在日本也誕生了多個享譽全球、品相優美的小型植株的交配種。

管理重點

栽培方法和軟葉系種類的差別不大。大體而言，強健品種很多，除去一部分栽培困難的種，大部分栽種都不算太難。要避免陽光直射，在溫和的光線下栽培。初春（2～3月）日照強的話，可能會有從葉子前端開始乾枯的現象，所以要特別注意。因為不耐夏季高溫和日照，所以要在通風良好的半日陰處進行管理。冬季要避免 0°C 以下的低溫。

栽培曆

月份	1	2	3	4	5	6	7	8	9	10	11	12
置放場所	室內窗邊， 或不會淋到雨的屋外（50% 遮光）					室內，或不會淋到雨的屋外 （70% 遮光）				室內窗邊， 或不會淋到雨的屋外（50% 遮光）		
給水	介質變乾就馬上給水						控制給水			介質變乾就馬上給水		
其他	換盆移植、扦插繁殖										換盆移植、扦插繁殖	

春季（3～4月）的管理：置於屋外通風良好處培育。接受直射陽光容易曬傷，請置於 50% 遮光的場所。給水 1 週 1 次左右，介質變乾就給予大量水分。肥料在 4 月時給 2 次左右，施以稀釋液肥。

梅雨季（5～6月）的管理：5～10 月休眠。置於不會淋到雨的地方，給水少一點。梅雨放晴之際的日照會讓葉片曬傷，請施以 70% 遮光。不施用肥料。

夏季（5～10月）的管理：夏季是休眠期。置於 70% 遮光、良好通風的場所，使其涼爽度過。給水 2 週 1 次左右，保持乾爽地進行管理。不施用肥料。

秋季（11～12月）的管理：秋季是生長期。保持空氣濕度，用黑紗網施以 50% 遮光，給多一點的水來培育。11月開始是適合換盆移植和繁殖的時期。小心新生的白色根，整理舊根，趁變乾前盡快完成栽種。建議移植到大一點的深盆中。換盆移植 2～3 年 1 次即可。

冬季（1～2 月）的管理：台灣冬季是生長期，可給予春、秋兩季的管理要點。耐寒性強，可忍受零下 4°C 的低溫，但建議確保 0°C 以上的溫度，避免根系完全乾燥地控制給水。

星之林
Haworthia reinwardtii 'Kaffirdriftensis'
會向上延伸長高，從植株基部長出許多子株，形成群生。照片這株高約 20cm。是容易栽培的強健種。

錦帶橋
Haworthia (*venosa* × *koelmaniorum*) 'Kintaikyou'
大龍麟和高文鷹爪的交配種，是在日本培育出來的優秀雜交種之一。照片這株是長得特別漂亮的個體。

琉璃殿白斑
Haworthia limifolia f. *variegata*
人氣原種琉璃殿（*Haworthia limifolia*）帶有白色斑點的品種。白斑非常珍貴，尚未普及。

鷹爪草屬的根插繁殖

1 用來根插的鷹爪草屬。建議趁換盆移植時一併進行根插。

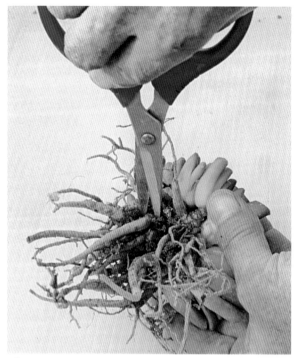

2 挑選粗根剪取下來。剪下過多的根會讓植株衰弱，因此 2～3 根即可。

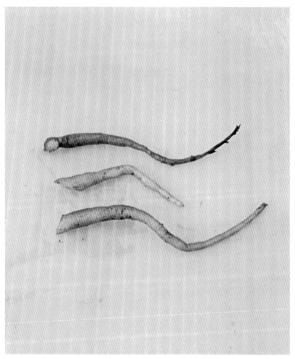

3 剪取下來的根。

4 栽種時讓根部前端露出約 5mm。置於通風良好的半日陰處，避免乾燥地進行管理。等到發芽可能須花費數個月時間。

萬象
HAWORTHIA MAUGHANII

蘆薈科（獨尾草科）
南非原產
栽培難易度：★★★
春秋型　越冬溫度：5°C

萬象・三色
Haworthia maughanii 'Tricolore'

大型品種（實生）
Haworthia maughanii

彷彿被利刃切斷的葉片前端，有著透明的葉窗，光線就是從這裡被吸收的。葉窗上的白色斑點，會因個體而有所差異。它的模樣各異其趣，是很受日本人喜愛的多肉家族。

管理重點

大致來說屬強健體質且耐寒耐熱性強，是容易培育的種類。不喜歡根部完全乾燥，因此介質一乾就馬上給水。夏季避免強烈日照，置於通風良好的半日陰處管理。冬季避免 0°C 以下的低溫。

栽培曆

月份	1	2	3	4	5	6	7	8	9	10	11	12
置放場所	室內，或不會淋到雨的屋外（50% 遮光）					室內，或不會淋到雨的屋外（70% 遮光）				室內，或不會淋到雨的屋外（50% 遮光）		
給水	介質變乾就馬上給水					控制給水				介質變乾就馬上給水		
其他	換盆移植、扦插繁殖									換盆移植、扦插繁殖		

春季（3～4月）的管理：置於屋外通風良好處培育。放在接受直射陽光的場所容易曬傷，請置於 50% 遮光的場所培育。給水 1 週 1 次左右，避免介質變乾。肥料在 3～4 月時給 4 次左右，施以稀釋液肥。

梅雨季（5～6月）的管理：5～10 月休眠。置於不會淋到雨的地方，給水少一點。梅雨放晴之際的日照會讓葉片曬傷，請施以 70% 遮光。不施用肥料。

夏季（5～10月）的管理：夏季是休眠期。置於 70% 遮光、良好通風的場所，使其涼爽度過。給水 2 週 1 次左右，保持乾爽地進行管理，不施用肥料。10 月是適合換盆移植的時期，請小心新生的白色根，整理舊根，趁變乾前盡快完成栽種。建議移植到大一點的深盆中，換盆移植 2～3 年 1 次即可。

秋季（11～12月）的管理：秋季是生長期。保持空氣濕度，用黑紗網施以 50% 遮光，給多一點的水來培育。

冬季（1～2月）的管理：台灣冬季是生長期，可給予春、秋兩季的管理要點。耐寒性強，可忍受零下 4°C 的低溫，但建議確保 0°C 以上的溫度，避免根系完全乾燥地控制給水。

其他的管理：用葉插、根插、實生繁殖。

玉扇
HAWORTHIA TRUNCATA

蘆薈科（獨尾草科）
南非原產
栽培難易度：★★★
春秋型　越冬溫度：5℃

玉扇・埃及豔后
Haworthia truncate 'Cleopatra'

玉扇錦・暴風雪
Haworthia truncate 'Bizzard' f. variegata

頂部像被切斷似的厚葉並排成一列，從側面看就像扇子一樣。葉子前端有如透鏡般的葉窗，葉窗的模樣豐富多樣，可區分出各式品種。在日本也有交配出許多美麗的種，是世界所不能及的境界。

管理重點

培育方法與「萬象」大致相同，是容易培育的種類。根粗，會像牛蒡根一樣延伸，所以要用比較深的盆器栽種。從植株基部會長出子株，因此栽種至某個程度時須重新換盆移植。

栽培曆

月份	1	2	3	4	5	6	7	8	9	10	11	12
置放場所	室內窗邊，或不會淋到雨的屋外（50% 遮光）				室內窗邊，或不會淋到雨的屋外（70% 遮光）					室內窗邊，或不會淋到雨的屋外（50% 遮光）		
給水	介質變乾就馬上給水					控制給水				介質變乾就馬上給水		
其他	換盆移植、扦插繁殖									換盆移植、扦插繁殖		

春季（3～4月）的管理：置於屋外通風良好處培育。放在接受直射陽光的場所容易曬傷，請置於 50% 遮光的場所培育。給水 1 週 1 次左右，避免介質變乾。肥料在 3～4 月時給 4 次左右，施以稀釋液肥。

梅雨季（5～6月）的管理：5～10 月休眠。置於不會淋到雨的地方，給水少一點。梅雨放晴之際的日照會讓葉片曬傷，請施以 70% 遮光。不施用肥料。

夏季（5～10月）的管理：夏季是休眠期。置於 70% 遮光、良好通風的場所，使其涼爽度過。給水 2 週 1 次左右，保持乾燥地進行管理，不施用肥料。10 月是適合換盆移植的時期。小心新生的白色根，整理舊根，趁變乾前盡快完成栽種。建議移植到大一點的深盆中。換盆移植 2～3 年 1 次即可。

秋季（11～12月）的管理：秋季是生長期。保持空氣濕度，用黑紗網施以 50% 遮光，給多一點的水來培育。

冬季（1～2月）的管理：台灣冬季是生長期，可給予春、秋兩季的管理要點。耐寒性強，可忍受零下 4℃ 的低溫，但建議確保 0℃ 以上的溫度，避免根系完全乾燥地控制給水。

臥牛屬
GASTERIA

蘆薈科（獨尾草科）
南非原產
栽培難易度：★★★
夏型　越冬溫度：0℃

恐龍錦
Gasteria pillansii f. variegata

白雪臥牛
Gasteria armstrongii 'Snow White'

有肥厚的鏟狀葉片呈蓮座狀的種類，及類似玉扇呈左右互生的種類。葉片左右互生的種類，有恐龍錦這類葉片光滑的系統，以及被稱為「臥牛」的葉片粗糙的系統。日本很早以前就開始栽種臥牛，所以透過交配進行品種改良，已產生許多品種。也有與蘆薈屬的屬間交配種。

管理重點

雖然生長型態是夏型，但也有很多一整年都生長良好的強健種類。反之，也有不耐暑熱，被作為春秋型栽培的種類。栽培方式基本上與鷹爪草屬差不多，春季和秋季在光線略弱、水分略多的狀態下，生長會比較良好。

栽培曆

月份	1	2	3	4	5	6	7	8	9	10	11	12
置放場所	室內窗邊，或不會淋到雨的屋外（50% 遮光）					室內窗邊，或不會淋到雨的屋外（70% 遮光）				室內窗邊，或不會淋到雨的屋外（50% 遮光）		
給水	介質變乾就馬上給水						控制給水			介質變乾就馬上給水		
其他	換盆移植、扦插繁殖									換盆移植、扦插繁殖		

春季（3～4月）的管理：放在接受直射陽光的場所容易曬傷，請置於 50% 遮光的場所培育。給水 1 週 1 次左右，避免介質變乾。3～4 月是適合換盆移植的時期。

梅雨季（5～6月）的管理：與春季置於相同場所，以相同方式管理，不會淋到雨的地方會更好。6～7月也可進行葉插繁殖。

夏季（5～10月）的管理：雖然也有盛夏稍微休眠的種類，但是留意暑熱、置於通風良好的陰涼處仍可持續生長。置於 50% 遮光的場所培育，給水 1 週 1 次，介質變乾就給。

秋季（11～12月）的管理：置於 50% 遮光的場所，比照春季進行管理。給水 1 週 1 次，介質變乾就給。9～11 月是適合換盆移植的時期。

冬季（1～2月）的管理：中午前接受直射陽光，中午後置於 50% 遮光的場所為理想作法。為免凍傷，生長環境的溫度最好不要低於 5℃。虎之卷、子寶、青龍刀等種耐寒性強，可忍受零下 4℃ 的溫度，在戶外也可越冬。若給予適度防寒措施，整年都會有生長活動。

其他的管理：換盆移植除了盛夏外皆可進行，其中又以春季及秋季為最佳時期。介質（赤玉土等等）中加入 10% 左右的腐葉土等保水材料，減少石灰成分，種植在稍大且帶有深度的盆器中。盆底請放入一撮完熟的有機肥與魔肥。整理老根，趁根系尚未乾燥前，盡速栽種至新的介質中。

炎之塔屬
ASTROLOBA

蘆薈科（獨尾草科）
南非原產
栽培難易度：★★★
春秋型　越冬溫度：0℃

白亞塔
Astroloba hallii

孔尖塔
Astroloba congesta

在南非已知約有 15 個種。原產地是乾燥草原的灌木或岩石隱蔽處等場所，與鷹爪草屬的原產地環境相同，栽培方法也可以鷹爪草屬為基準。植株姿態與鷹爪草屬硬葉系很相似，呈現小型塔狀的外形。

管理重點

與鷹爪草屬一樣，栽種時避免強光直射。生長期是春季和秋季，夏季置於通風良好的陰涼處，保持適度乾燥是照料的重點。夏季和冬季的休眠期須控制給水，但不可完全斷水。

栽培曆

月份	1	2	3	4	5	6	7	8	9	10	11	12
置放場所	室內窗邊，或不會淋到雨的屋外（50% 遮光）					室內窗邊，或不會淋到雨的屋外（70% 遮光）				室內窗邊，或不會淋到雨的屋外（50% 遮光）		
給水	介質變乾就馬上給水						控制給水			介質變乾就馬上給水		
其他	換盆移植、扦插繁殖									換盆移植、扦插繁殖		

春季（3～4 月）的管理：置於屋外通風良好處培育。放在接受直射陽光的場所容易曬傷，請置於 50% 遮光的場所培育。給水 1 週 1 次左右，避免介質變乾。3～4 月適合換盆移植。肥料在 4 月時給 2 次左右，施以稀釋液肥。

梅雨季（5～6 月）的管理：置於不會淋到雨的地方，給水少一點。梅雨放晴之際的日照會讓葉片曬傷，請施以 70% 遮光。不施用肥料。

夏季（5～10 月）的管理：夏季是休眠期。留意暑熱，置於 70% 遮光、良好通風的場所，使其涼爽度過。給水 2 週 1 次左右，保持乾爽。不施用肥料。9 月是適合換盆移植的時期，小心新生的白色根，整理舊根，趁變乾前盡快完成栽種。建議移植到大一點的深盆中。換盆移植 2～3 年 1 次即可。

秋季（11～12 月）的管理：秋季是生長期。保持空氣濕度，用黑紗網施以 50% 遮光，給多一點的水來培育。

冬季（1～2 月）的管理：台灣冬季是生長期，可給予春、秋兩季的管理要點。耐寒性強，可忍受零下 4℃ 的低溫，但建議確保 0℃ 以上的溫度，避免根系完全乾燥地控制給水。

各種的炎之塔屬。

❹龍舌蘭科與鳳梨科的多肉植物

中南美原產的健壯植物

龍舌蘭科是分布在以中南美洲為主至北美南部熱帶地區的植物，常見的有龍舌蘭屬和王蘭屬。長出的蓮座狀葉子雖然有的會長到直徑 3～4m 左右，花莖也會伸長至高 10m，但是作為多肉植物栽培的多屬小型～中型的種類。

龍舌蘭屬，因為龍舌蘭（*Agave tequilana*）被用作墨西哥龍舌蘭酒的原料而出名。另外，2007年在墨西哥山地發現的新種白毛龍舌蘭（*Agave albopilosa*）也成為話題。

王蘭屬，在日本關東以西的溫暖地區，可看見王蘭被種植在庭園中。另外，象腳王蘭則被用作觀葉植物。

鳳梨科分布在中南美洲，以食用的鳳梨為首，被當作觀葉植物的種類也很多。以空氣鳳梨廣為人知的鐵蘭屬，近年來也廣泛出現在市面上。

龍舌蘭科、鳳梨科的生活型態多屬夏型，在夏季也能健康生長。夏季確實地給水，就能長得很大。很多帶有尖銳的刺，拿取處理時請特別小心留意喔！

龍舌蘭科、鳳梨科主要的屬

龍舌蘭屬

厚實堅硬且帶刺的葉子呈蓮座狀姿態，是很有人氣的多肉植物。自古以來，栽培出許多各式各樣的錦斑品種。生長遲緩，雖然不會長得太大，但長年栽培可以變成相當美麗的植株。雖然耐乾燥，但也相當喜歡水，在夏天每天給水也不錯。耐寒性強，也有在屋外可以度過冬天的種類。

王妃雷神錦
Agave potatorum 'Ouhi-Raijin' f. *variegata*

沙漠鳳梨屬

有許多堅硬銳利的刺，原產自南美的多肉植物。有的種類會培育得很大，銳刺也多，處理起來會很麻煩，開始栽培前先仔細調查清楚吧！耐熱性強，夏天直射陽光也沒問題。有許多利用交配培育出來的園藝品種，也有葉片顏色帶有獨特金屬光澤的美麗種類。

未命名
Dyckia (*goehringii* × 'Arizona')

鐵蘭屬（空氣鳳梨）

以空氣鳳梨著稱的植物，附生在木頭或岩石上，根部僅用來附生，已喪失吸收水分的功能。雨水或霧水等水分，是透過葉子基部吸收。經常被誤認為沒有水也可以生存，但是不給水還是會枯萎。雖然常見於市面上，但若不了解正確的栽培方法，多數還是會枯萎。

小精靈
Tillandsia ionantha

新發現的白毛龍舌蘭（*Agave albopilosa*）。
原產於墨西哥高地的岩石地。
photo／Köhres-kakteen

葉子前端有白毛是其特徵。

墨西哥低地的龍舌蘭屬。

龍舌蘭屬
AGAVE

龍舌蘭科　美國南部～中美洲原產　栽培難易度：★★★　夏型　越冬溫度：0℃

翡翠盤　*Agave attenuate* f. *variegata*
是頗受歡迎的漂亮龍舌蘭屬的錦斑品種。
除了照片這株葉片周圍有黃色覆輪斑的之
外，也有白色斑紋的品種。會長成較高的
植株。「翡翠盤」是沿用日本俗名而來。

王妃甲蟹（覆輪）　*Agave isthmensis* f. *variegata*
「王妃雷神」系的突變種，特徵是葉片邊
緣有數個並排的尖刺，是高人氣的小型
種。

嚴龍 No.1　*Agave titanota* 'No. 1'
葉片邊緣的刺是龍舌蘭屬裡最堅硬的，給
人霸氣的感覺。不耐寒，即使在日本關東，
冬季也無法在室外栽培。照片這株寬約
20cm。

吉祥冠錦
Agave potatorum 'Kisshoukan' f. *variegata*
寬寬的葉子搭配紅色的尖刺非常好看。
「吉祥冠」裡有很多錦斑品種，照片這株
是白中斑的珍品。

五色萬代　*Agave lophantha* f. *variegata*
有著白色或黃色條紋的中型龍舌蘭屬，是
很早以前就普及化的高人氣種。不太耐
寒，所以冬季時的管理要務必留心。

姬亂雪錦　*Agave parviflora* f. *variegated*
姬亂雪（*Agave parviflora*）的黃中斑種，
是小巧美麗的優良品。葉子上長了白色線
狀的刺，這些刺在生長過程中會產生變
化，非常有趣。

　　以墨西哥為中心，從美國南部到中美洲，已知有超過270多個原生種。葉子前端有刺，可欣賞不同品
種獨具特色的形狀和斑紋。大型的種類又稱為「Century Flower」，據說100年才開花1次，但用實生
法栽種，大約30年就能開花。在日本比較偏好「雷神」和「笹之雪」之類的小型種。到了本世紀還持
續發現新種，是具話題性的屬。

各種龍舌蘭屬的收藏。

吹上　*Agave stricta*
細長的葉子呈放射狀擴展開來，持續生長或呈現如刺蝟般的外形。有多種樣貌，但小型的比較受歡迎。

姬笹之雪
Agave victoriae-reginae 'Compacta'
小型的優形種。生長速度非常慢，要長成像照片這株（寬約15cm）大概須5年。在日本關東以西，冬季也可在室外栽培。

冰山
Agave victoriae-reginae f. *variegata*
比笹之雪多了白色覆輪斑，十分珍貴，白色的斑紋和它的模樣令人聯想到冰山。栽種方法和笹之雪相同。

姬龍舌蘭
Agave pumila
獨特的三角形葉子看起來很像小型的蘆薈。比較耐寒，所以日本關東以西，即使是冬季也可在室外栽培。照片這株寬約15cm。

生長期是春季到秋季的夏型種。請置於日照良好的場所，保持適度乾燥。多數屬強健且耐寒耐熱性強，栽培容易，但翡翠盤、新發現的白茅龍舌蘭、嚴龍 No.1、*Agave desmetiana*、霍利達（*Agave horrida*）、八荒殿（*Agave macroacantha*）、吉祥冠、雷神（*Agave potatorum*）等較不耐寒，冬季請置於室內管理。吹上、美國系（龍舌蘭等等）、姬龍舌蘭、吉祥天、笹之雪系列等耐寒性較強，在日本關東地方放在屋外也可度過冬天。

也有體型相當大的種類，加上刺也很尖銳，若挑選種植場所時未事先考量到最終生長尺寸，屆時會相當困擾喔！

栽培曆

月份	1	2	3	4	5	6	7	8	9	10	11	12
置放場所	日照良好的窗邊					屋外日照良好的場所						日照良好的窗邊
給水	不耐寒的種類須斷水					介質變乾就馬上給水						不耐寒的須斷水
其他						換盆移植、扦插繁殖						

春季（2～3月）的管理：氣溫 10～25℃ 是最佳生長溫度。請置於日照和通風良好的屋外，並給予良好日照。給水 1 週 1 次左右，須注意不可讓介質變成乾裂狀。小苗 1 個月 1～2 次，施用稀釋液肥代替給水，或是置放有機肥，有助於快速生長。春季是最適合換盆移植和分株的時期，雖然不可用葉插等方式繁殖，但是附著於植株基部的子株，長到某個程度的大小，可趁換盆移植時切離栽種，如此便可繁殖。與蘆薈屬同樣是粗根型，須注意別讓根部變乾燥。

梅雨季（5～6月）的管理：置於不會淋到雨、通風良好的場所，水分等介質變乾再給即可。

夏季（5～10月）的管理：種在盆器中的比照春季，置於日照和通風良好的場所管理。只不過，小苗或錦斑品種請置於 50% 遮光的場所，以抵擋夏季的強烈日照。水分等介質變乾再給，約 1 週 1～2 次，不要施肥比較保險。美國南部的猶他州和亞利桑那州等山地自生的 *Agave uthaensis* 系列（青瓷爐等等）因不耐濕熱，請置於通風良好的涼爽陰涼處，同時控制水分使其休眠。換盆移植也等到秋季再進行。

秋季（11～12月）的管理：和春季一樣是適合生長的季節。請置於日照和通風良好的屋外給予良好日照，給水 1 週 1 次左右，須注意不可讓介質變成乾裂狀。小苗也請施用肥料。

翡翠盤等不耐寒的種類，10 月下旬即可移至室內以防冬季寒冷。換盆移植等作業請在 12 月前完成，過了就必須等到春天。

冬季（1～2月）的管理：吹上等耐寒性強的種類，可在屋外度過冬天，置於日照良好的陽台或屋簷下管理即可。給水等介質變乾後，挑個溫暖日子在中午前給，給水後移至室內以免凍傷。在寒冷地帶，晚上移至室內會比較好。

翡翠盤等不耐寒的種類，確保環境溫度不低於 0℃。給水 1 個月 1 次左右，介質若成乾涸狀也沒關係。置放場所的溫度若低於 0℃，則斷水使其休眠。

其他的管理：換盆移植時須注意別傷到白色的根，趁根未乾前趁早完成栽種。因不喜酸性土，建議可在介質中混入苦土石灰。下方枯萎木質化的葉子，用剪刀在枯葉前端從中央剪開 2～3cm，可容易左右撕開，輕鬆地從葉子基部剝除（請參照第 161 頁），這點蘆薈屬也一樣。

到開花前會持續生長，結完種子後，生命就結束了。從實生到開花須花費數年到數十年的時間。

王蘭屬
YUCCA

龍舌蘭科
中美～北美原產
栽培難易度：★★★
春秋型　越冬溫度：0°C

克雷塔羅絲蘭　*Yucca queretaroensis*

從中美洲到北美洲已知約 50 個種。多數是灌木，多肉化程度更高，莖部前端附有多數細長葉子。強健的種類很多，刺葉王蘭（*Yucca aloifolia*）、王蘭（*Yucca gloriosa*）等也可種在庭園，象腳王蘭（*Yucca elephantipes*）則經常被當作觀葉植物。龍舌蘭屬開花後就會枯萎，王蘭屬若條件好的話，每年都會開花。

管理重點

雖然以龍舌蘭屬的栽培方式為基準，但強健種多，耐寒性也較強，冬季也可在戶外栽培。若置於日照和通風良好的場所培育，照料上會更加輕鬆。避免介質盆土變成乾裂狀地給予水分吧！

栽培曆

月份	1	2	3	4	5	6	7	8	9	10	11	12
置放場所					屋外日照良好的場所							
給水					控制給水							
其他					換盆移植、扦插繁殖							

春季（2～3月）的管理：置於日照和通風良好的屋外，並給予良好日照。給水1週1次左右，須注意避免介質變成乾裂狀。小苗1個月1～2次，施用稀釋液肥代替給水，或是置放有機肥，有助於快速生長。

梅雨季（5～6月）的管理：置於不會淋到雨、通風良好的場所管理。水分等介質變乾再給即可。

夏季（5～10月）的管理：比照春季，置於日照和通風良好的場所。水分等介質變乾再給即可，一般而言約1週1～2次左右。夏季期間不施肥比較保險。

秋季（11～12月）的管理：比照春季，置於日照和通風良好的場所。給水1週1次左右，須注意不可讓介質變成乾裂狀。小苗也請施用肥料。

冬季（1～2月）的管理：比龍舌蘭屬的耐寒性強，放在屋外也可度過冬天。置於日照良好的陽台或屋簷下管理會比較好。給水等介質變乾後，挑個溫暖日子在中午前給。

其他的管理：換盆移植1～2年1次，在春季進行。須小心別傷到白色的根，趁根部未乾前盡快完成栽種。

王蘭（錦斑品種）
Yucca gloriosa f. variegata

鐵蘭屬（空氣鳳梨）
TILLANDSIA

鳳梨科　美國中西部～南美洲原產　栽培難易度：★★★　夏型　越冬溫度：5℃

紅火小精靈　*Tillandsia ionantha* 'Fuego'
「Fuego」有「火」的意思，是小精靈系列裡顏色最艷紅的有名品種。一般的紅火只會在開花期轉成紅色，照片這株則是整年通紅。

小精靈　*Tillandsia ionantha*
是最常見的空氣鳳梨代表品種。形狀和顏色會因產地不同而異，多樣收集的話也很有樂趣喔！

小章魚　*Tillandsia butzii*
整株表面長滿黑紫色的花紋，葉子彎彎曲曲，形狀很獨特。不耐乾燥，所以給水量要多，若葉溝閉合起來，就是水分不足的警訊。

　　鐵蘭屬（空氣鳳梨）原生於美國中西部到南美大陸，分布範圍非常廣泛，基本種約有 60 個種，加上地方變種及各式種類，加總約有 2000 多個種類的大屬。其中大多屬於附生植物，附生在樹上或岩石上。球青苔（*Tillandsia recurvata*）、松蘿鳳梨（*Tillandsia usneoides*）等種會附生在電線杆或電線上，非得定期燒除的狀況屢見不鮮。因為野生的個體數量非常多，加上以前多是山採種，導致於高人氣的種類幾乎被取之殆盡，有部分野生種已瀕臨絕種危機。

註：中文名稱為台灣市場流通的商品名。

海膽　*Tillandsia fuchsii f. fuchsii*
在幾個已知的 *fuchsii* 系列種當中,屬於
葉子比較短,小巧可愛的類型。生長週期
很短,大約一年就能成熟、開花、長出子
株。

阿寶緹娜　*Tillandsia albertiana*
原產於阿根廷的小型種,比較容易形成群
生株,開的是美麗紅花。水分充足的話,
生長狀態較佳。將植株置於素燒盆,比較
容易保持濕度。

賽魯雷亞　*Tillandsia caerulea*
正如 *caerulea* 這個拉丁學名意味的「藍
色」,它會綻放藍色花朵。也有不容易開
花的系統,購買時可挑選正在開花的個
體。用懸吊方式栽培也很有樂趣。

雞毛撢子　*Tillandsia tectorum*
覆蓋白毛，大型美麗的空氣鳳梨。

犀牛角　*Tillandsia seleriana*
飽滿豐腴的大型空氣鳳梨。肥大的基部是
其特徵，葉子長有許多細毛。

樹猴　*Tillandsia duratii*
稍大型的空氣鳳梨，葉子反摺向下伸長，
前端呈捲曲狀是其特徵。

多國花　*Tillandsia stricta*
花朵美麗的小型空氣鳳梨。粉紅花苞重
疊，從中接續綻放淡青紫色的小花。

日本第一　*Tillandsia neglecta*
被稱為「空氣鳳梨的寶石」的美麗品種，
會綻放鮮豔的鮮紅花朵。

管理重點

根據性質，可區分為性喜乾燥的種類和性喜水分的種類。小精靈、多國花、霸王鳳梨（*Tillandsia xerographica*）、雞毛撢子、電捲燙（*Tillandsia streptophylla*）這些市面上作為空氣鳳梨販售的屬於性喜乾燥、耐乾燥的種類。它們的形狀有趣，栽培也容易，甚為常見。而性喜水分的種類建議用盆器栽培，根長得很多，葉子薄不耐乾燥，對暑熱和寒冷都較敏感，因此大多較難栽培。以下，將針對性喜乾燥的種類作解說。

鐵蘭屬是附生植物，喜歡陽光和通風，溫暖的季節放在屋外栽培，在室內無法生長良好。雖然暴露在雨中也沒關係，但要長得漂亮，建議置於有遮雨棚、旁邊覆蓋薄黑紗網遮光的場所培育。有風的日子每天給水會長得比較好。重要的訣竅是給予適當的遮光與通風。公寓陽台等處，只要能避免陽光直射，並維持良好通風，就是一個適當的栽培環境。也因此，或許很適合用作都市園藝。

在原生地有句話「Tillandsia never die.」，意即「鐵蘭屬死不了」。這對野生的鐵蘭屬而言是相當符合的一句話，因為它原本就屬於不容易枯萎的植物。在高高的樹上可經常吹風淋雨，如果能夠人工製造出這種環境，栽培相對就不會過於困難。

栽培曆

月份	1	2	3	4	5	6	7	8	9	10	11	12
置放場所	日照良好的窗邊				通風良好的屋外（30%～50%遮光）					日照良好的窗邊		
給水	控制給水				1天1次用噴霧或澆水的方式給水					控制給水		
其他												

春季（3～4月）的管理：到了杜鵑花盛開之際，差不多就可以移至屋外栽培。請置於屋外通風良好的場所栽培。晴天的直射陽光紫外線多，此外也須擔心曬傷問題，建議施以30%左右的遮光會比較保險。強健的種類暴露在雨中也沒關係，但一般而言，建議使用PVC波浪板等遮雨工具。置於通風良好的場所，每天用澆水器給水。白天保持乾燥狀態最為理想。

環境和給水適當的話，不施肥也可神奇地繁殖、開花和結種子。但是，植物多少施點肥料會比較好，也有助於健康生長。1個月1次左右，施用稀釋2000倍的花寶等稀釋液，以噴霧方式取代給水。施肥過多會讓植物表面長出一層青苔，變得綠綠的，降低觀賞價值，這點須格外留意。鐵蘭屬多數生長在樹上或岩石上，可從植物體表面吸收水分加以進化。根部主要是為了支撐主體會充分伸長，但不會像一般植物般吸收養分、水分。鐵蘭屬根據栽培環境有的會長根，有的則不會。根的有無不須特別在意，用澆水器或噴霧器替植株整體施以水分或肥料即可。

梅雨季（5～6月）的管理：與春季置於相同場所培育。因為討厭過於潮濕的環境，所以不要淋到雨比較保險，持續下雨時不要給水。梅雨放晴之際的日照強烈，葉子會有損傷的疑慮，上面覆蓋黑紗網施以30%～50%的遮光。肥料與春季相同，1個月1次左右，施以稀釋液肥代替水分。

綠葉系等種類得到水分會開始迅速生長。生育也變得旺盛，根系也會伸長，是分株或是附生在蛇木板、軟木片、漂流木的好季節。為避免植株晃動，可用細鐵絲固定。

夏季（5～10月）的管理：超過 30℃ 的炎夏對鐵蘭屬而言是嚴苛的環境。雖然主要原產地的南美洲天氣炎熱，但是鐵蘭屬多附生於高聳樹木上，是經常吹風的涼爽環境。請試著想像在高聳樹木上吹風的樣子。置放場所選在明亮的樹陰處等場所較為保險，避免直接照射陽光。

給水方面，於早晨大範圍地灑水，務必接觸涼風，白天使其維持乾燥狀態。若栽培於超過 30℃ 的環境，會因悶熱而枯萎，加上濕度高，給水後不容易乾，尤其是當內部有水分滯留，更容易因為悶熱而枯萎。壺型種在給水後須倒過來懸吊，藉此排掉水分，或是用電風扇吹乾。夏季期間須控制肥料。

秋季（11～12月）的管理：夏季的暑熱告一段落，對鐵蘭屬而言是治癒疲勞的季節。置於戶外通風良好的場所栽培。施以 30% 左右的遮光，直射陽光也沒問題。夏季期間控制的肥料可開始少量給予，這是為了冬季而準備的肥培管理。

貝姬（*Tillandsia bergeri*）等較耐寒的種類，整年皆可栽培在戶外，但其他較不耐寒的，在降至 5℃ 以前最好移至室內。

冬季（1～2月）的管理：南美原產的鐵蘭屬，寒冷的天氣是其大敵。最低溫度必須在 5℃ 以上，會有霜雪的季節必須移到室內栽培。

日照不佳、因暖氣而變乾燥的室內，對鐵蘭屬而言並非良好生長環境。乾燥會讓下方的葉子枯萎。因為生長狀況不好預測，故建議將栽培重點放在維持健康狀態。

日照不足的室內若給水過多，是導致枯萎的主因。要維持良好健康，控制給水會比較好。但是，植物還是必須給予最低限度的水分。溫暖晴天的中午前拿到屋外用噴霧器給水，植物體變乾、氣溫下降前移至室內。過度乾燥的植株，可放進有一層水的水桶中充分吸水，加以浸潤。缺乏日照的環境，植物體過濕並不好，浸潤後須用電風扇充分吹乾。

一進入 3 月，日照時間漸漸變長，管理也愈顯輕鬆。在杜鵑花綻放前，夜間還是會急速轉涼，因此要整天放在屋外栽培還太早，請在白天拿到屋外用噴水壺或浸潤方式給水，同時給予充分的日照和涼風吧！只不過，冬季期間放在室內管理的植株，突然照射陽光會導致曬傷，請讓它慢慢習慣陽光吧！

用樹枝裝飾的各種鐵蘭屬。

鐵蘭屬的實生

小精靈和多國花等種經常開花。有交配對象的話可交配取得種子，進行實生繁殖。也可製作與其他種交配培育的雜交種，多方嘗試應該會很有意思。視種類而定，交配數個月後果實會破掉，掉出絨毛般的種子。可以的話採集播種，蛇木板或盆底網上布滿絨毛後馬上給水。避免完全乾燥地進行管理，快的話 1 週左右就會發芽。苗的生長非常緩慢，長到某個程度大之前維持原狀培育。

以前只有從山裡採挖掘而來的野生種，最近也販售許多以人工交配產出的園藝品種。花朵美麗，形式饒富趣味，根據獨自的目的交配原創品種不再是夢想。此時務必記錄交配親本，藉此牢記雜交種的身世以防忘記。

鐵蘭屬的給水。置於通風良好的場所用噴霧器給水。給的水能夠馬上乾最為理想。

過度乾燥時，偶爾泡在水中充分吸水（浸潤）。泡 5 分鐘左右取出後充分瀝乾水分，置於通風良好的場所。

鐵蘭屬只要有空氣就能活？

鐵蘭屬是一般市面上以空氣鳳梨來販售的植物，我第一次看到店裡有賣是小學三年級的時候，想想也已經是 30 多年前的事了。那時松蘿菠蘿 30cm 左右的小束要價 2000 日圓左右，對當時還是小學生的我而言簡直是高不可攀。因為買不起只好纏著父親要求他買，喜歡花和珍奇果樹的父親很快就買了。當時標籤上還被備註「不需要水，只要懸吊起來就能生長！」

錯誤用語一直沿用至今，鐵蘭屬不被當作植物照顧，當然買沒多久就枯萎了。但是原本就帶有乾燥質感的種類很多，因此即使嚴重枯萎也毫不察覺，就這樣在窗邊裝飾著鐵蘭屬木乃伊。鐵蘭屬本來就是非常健壯的植物群，一般市面販售的種類，要使其開花並不困難，但還是必須給予植物所須的最低限度管理。

野本修司

沙漠鳳梨屬
DYCKIA

鳳梨科
南美原產
栽培難易度：★★★
夏型　越冬溫度：5°C

寬葉沙漠鳳梨
Dyckia platyphylla

夕映縞劍山
Dyckia brevifolia 'Yellow Grow'

生長在南美山區乾燥岩石地帶，以巴西為中心，阿根廷、巴拉圭、烏拉圭等地已知約有100個種以上。硬質大葉子呈蓮座狀展開，葉緣帶有鋸齒。尖銳的外型以及獨具造型的銳刺充滿魅力，有許多利用交配等方式培育出來的園藝品種。從春季到夏季會伸出長長的花莖，開出許多黃色、橘色、紅色等色彩的花朵。

管理重點

非常耐暑熱，就算炎夏也能輕鬆渡過。夏季也給予充日照，讓植株成長苗壯。管理上須避免日照不足，也有一定的耐寒性，在斷水乾燥管理時，也可承受 0°C 左右的低溫，但是冬季還是移至室內比較保險。

栽培曆

月份	1	2	3	4	5	6	7	8	9	10	11	12
置放場所	屋外日照良好的場所											
給水	適度給水以避免介質變乾					每天給水					適度給水以避免介質變乾	
其他						換盆移植						

春季（3～4月）的管理：置於日照和通風良好的屋外，給予充足日照使其生長。可以的話放在不會淋到雨地方更好，用 PVC 波浪板等製作遮雨棚，或是放在陽台這類不會淋到雨的場所更為理想。給水 1 週 1 次左右，須注意避免介質變乾。小苗 1 個月 1～2 次，施以稀釋液肥替代給水，或是置放有機肥，有助於快速生長。換盆移植在 3～5 月的溫暖期進行。在市售的多肉植物專用培養土中，加入 1 成左右的水苔粉等保濕材料以提升保水性，盆底放入一撮有機質固態肥料或魔肥等作為基肥。盡可能避免根系變乾，趁早完成移植吧！

梅雨季（5～6月）的管理：置於通風良好的場所管理。水幾乎每天都要給。

夏季（5～10月）的管理：雖然非常耐暑熱，但強烈日照還是有可能讓葉片曬傷。30% 左右的遮光可以長成漂亮的植株。置於通風良好的場所，水分每天都給，肥料不給會比較保險。

秋季（11～12月）的管理：與春季相同，置於日照和通風好的場所，給予充足日照使其生長。給水 1 週 1 次左右，避免介質變乾地給水。小苗也施以肥料吧！

冬季（1～2月）的管理：0°C 以上可以越冬，注意別讓根系變乾，可以的話維持 5°C 以上溫度，並持續給予少量水分。花朵從黃色到橘色，12～1 月開花。雖然用自花授粉也可取得種子，但是以交配方式取得的更容易發芽，且能夠取得更多的苗。實生苗須特別留意避免根系變乾。

其他鳳梨科的多肉植物

鳳梨屬 BROMELIA

鳳梨科
中南美洲原產
栽培難易度：★★★
夏型
越冬溫度：5°C

火焰之心（錦斑品種）
Bromelia balansae
f. variegata

以中南美洲為中心，已知有許多種的數。在日本市面上相當罕見，幾乎只有照片中這株火焰之心的錦斑品種。一般都會長得很高大，葉緣的銳刺相當危險，因此栽種的人比較少。相當耐寒，在無霜地帶可以露地栽培。

德氏鳳梨屬 DEUTEROCOHNIA

鳳梨科
南美洲原產
栽培難易度：★★★
夏型
越冬溫度：5°C

綠花德氏鳳梨
Deuterocohnia chlorantha

德氏鳳梨屬是小型、高山性的屬，非常怕熱。個別蓮座的直徑約 1.5cm，雖然是小型植株，但會密集叢生成群生株。

小鳳梨屬 CRYPTANTHUS

鳳梨科
南美洲原產
栽培難易度：★★★
夏型
越冬溫度：5°C

瓦拉亞小鳳梨
Cryptanthus warasii

色彩豐富的葉片深具魅力。小鳳梨屬多數原生自森林中，由於葉子較薄，故大多作為觀葉植物，瓦拉亞小鳳梨彷彿長了白色鱗片的硬質葉片非常美麗，頗受多肉迷的歡迎。栽培容易。

蒲亞屬（皇后鳳梨屬） PUYA

鳳梨科
南美洲原產
栽培難易度：★★★
夏型
越冬溫度：5°C

科利馬
Puya sp. Colima Mex.

比較大型且帶有銳刺，須小心留意以免受傷。蒲亞屬大多來自智利和阿根廷，照片這株是原產於墨西哥科利馬州（Colima）的特異種類，泛白的葉片很美麗。

❺其他的多肉植物

除了前面介紹過的科以外，其他還有許多已知的多肉植物。大戟科的大戟屬、夾竹桃科的棒錘樹屬和龍角屬、菊科的千里光屬、胡椒科的椒草屬，以及百合科、馬齒莧科、桑科等等，多數的科中都有多肉植物。在此就來介紹幾個具代表性的吧！

各種大戟屬的組合。

大戟科

除南極以外的世界各地皆有分布的大戟屬是其代表，其他的則只有麻瘋樹屬和翡翠塔屬的幾個種。大戟屬是在各地約有2000個種的大屬，型態也很多樣，其中作為多肉植物的約有500個種。主要分布在非洲，有類似仙人掌莖部肥大、帶有銳刺的種類，數量繁多。

子吹新月
Euphorbia symmetrica

夾竹桃科

世界各地已知有3000個種以上的科，作為庭園樹木的夾竹桃、草花的長春花和蔓長春花等都是本科的植物。其中作為多肉植物栽培的約有1000個種，非洲、馬達加斯加、阿拉伯半島等地是主要產地，已知有沙漠玫瑰屬、吊燈花屬（蠟泉花屬）、龍角屬、棒錘樹屬、魔星花屬、佛頭玉屬等等。

亞阿相界
Pachypodium geayi

菊科

世界中據稱有2萬7000個種的大科，作為多肉植物的已知有千里光屬和厚敦菊屬的一部分，多屬於南非原產的種類。千里光屬除了有名的綠之鈴和銀月（*Senecio haworthii*）外，其他還有多個種類在市面上流通。厚敦菊屬，莖部呈塊莖狀的塊莖植物頗有人氣，已知約有40個種。

綠之鈴
Senecio rowleyanus

原生於南非山地的大戟屬、
青鎖龍屬、蘆薈屬等。
photo／Mizuho Onodera

大戟屬
EUPHORBIA

大戟科　非洲～馬達加斯加原產　栽培難易度：★★★　夏型　越冬溫度：3℃

鐵甲丸　*Euphorbia bupleurifolia*
長著如鳳梨般的外型，枝幹的凹凸是葉子掉落的痕跡所造成。是大戟屬中比較不喜歡高溫多濕的種類。

紅彩閣　*Euphorbia enopla*
如柱狀仙人掌般的姿態，長著銳利的刺。日照充足，刺的紅色會越發明顯，非常美麗。強健容易栽培，適合入門者。

金輪際　*Euphorbia gorgonis*
原產於南非的東開普省。粗大的莖幹呈球狀，如枝條般伸長的莖部前端，長著小小的葉片，是非常耐寒的大戟屬。

　　全世界從熱帶到溫帶地區已知約有 2000 個種的大屬，日本原生的野漆（*Euphorbia adenochlora*），以及聖誕節不可或缺的聖誕紅（*Euphorbia pulcherrima*）都屬於大戟屬。主要原產於非洲、被當作多肉植物來栽培的約有 500 個種。個性化的姿態饒富魅力，與球狀仙人掌極為相似的鐵甲丸、與柱狀仙人掌相似的紅彩閣、花朵非常美麗的麒麟花（*Euphorbia milii*）等等，變化豐富，種類繁多。切口會流出乳狀汁液，徒手碰觸時要特別留心。多數種類在 12 ～ 1 月會開黃色的小花。

晃玉　*Euphorbia obesa*
渾圓的模樣好像球狀仙人掌，球體上有美麗的橫條花紋。會在上下縱向的稜上長出小小的子株，取下子株就能進行繁殖。

魔界之島　*Euphorbia persistens*
原生地為非洲東南部的莫三比克，地面上長著粗壯的莖，地面上伸出許多分枝，分枝表皮為綠色，帶著深綠色的花紋。照片這株高約15cm。

多寶塔　*Euphorbia melanohydrata*
原產於南非，十分稀少，照片這株高約10cm，生長非常緩慢，據說跟40年前相比，模樣幾乎沒變。冬季要控制給水。

大戟屬的分類

A	與球狀仙人掌相似的球型種	晃玉、裸萼大戟（*Euphorbia gymnocalycioides*）、新月、琉璃晃（*Euphorbia suzannae*）、法利達（*Euphorbia valida*）、魁偉玉（*Euphorbia horrida*）、峨嵋山（*Euphorbia 'Gabizan'*）、群星冠（*Euphorbia stellispina*）、鐵甲丸等等。
B	塊根性種	銅綠麒麟（*Euphorbia aeruginosa*）、筒葉麒麟（*Euphorbia cylindrifolia*）、螺旋麒麟（*Euphorbia tortirama*）、飛龍（*Euphorbia stellate*）等等。
C	章魚型	蠻龍角（*Euphorbia fusca*）、九頭龍（*Euphorbia inermis*）、金輪際、飛頭蠻（*Euphorbia clavarioides*）等等。特別耐寒。
D	與柱狀仙人掌相似的樹木型	麒麟冠（*Euphorbia grandicornis*）、五彩閣（*Euphorbia ingens*）、三角霸王鞭／彩雲閣（*Euphorbia trigona*）、墨麒麟（*Euphorbia canariensis*）、大正麒麟（*Euphorbia echinus*）、巒岳（*Euphorbia abyssinica*）等等。
E	花麒麟類	麒麟花、*Euphorbia beharensis*、*Euphorbia horombense* 等等。四季開花，紅色、白色、紅色等花色繽紛。

管理重點

多數種類的生長型態是春季至秋季的夏型，生長範圍廣泛分布在熱帶至溫帶地區，因此喜好的生長環境不一。樹木型（D）和花麒麟類（E）喜歡高溫和強光，夏季也請給予充足日照使其生長吧！球型種（A）、塊根性種（B）、章魚型（C）討厭極度的低溫與高溫，喜歡溫暖的季節。夏天請置於不會淋到雨的涼爽場所使其度過吧！

不管哪個種類，春季和秋季的生長期，介質一旦變乾就給予大量的水分。耐寒性略低，可以的話維持3℃以上使其越冬。

根部脆弱，因此須避免頻繁地換盆移植。繁殖主要是使用扦插法。自古以來的作法是「切取下來的插穗須使其充分風乾後再扦插」，最近主流的技術，則是一切下馬上用水清洗切口後即可插穗。只不過，變成柱狀的大型種，切口先使其充分風乾後再扦插會比較保險。

栽培曆

月份	1	2	3	4	5	6	7	8	9	10	11	12
置放場所	屋外日照良好的場所，並施以 50% 遮光											
給水	控制給水				介質變乾就馬上給水						控制給水	
其他			換盆移植、扦插繁殖									

春季（3～4月）的管理：置於日照和通風良好的屋外給予充足日照，使其茁壯生長。給水1週1次左右，須注意避免介質變乾。尤其是鐵甲丸及其交配種，必須給予大量的水分，使盆土隨時保持濕潤狀態。小苗1個月1～2次，施以稀釋液肥代替給水，或是置放有機肥，有助於快速生長。

不管哪個種類，從3月開始天氣回暖都適合換土。根系土團剃除剩下約1/3左右，周圍放入新的介質。盡量避免根系暴露在空氣中，盡快完成換土吧！

梅雨季（5～6月）的管理：置於不會淋到雨、通風良好的場所管理。水分等介質變乾再給即可。

夏季（5～10月）的管理：樹木型（D）和花麒麟類（E），夏天也請置於屋外給予充足日照。不需要遮光。給水1週1～2次，淋雨也沒關係。其他的家族不耐高溫多濕，請置於不會淋到雨的涼爽半日陰處，保持乾燥使其度過夏天。不施用肥料。

秋季（11～12月）的管理：與春季相同，置於日照和通風良好的屋外，給予充足日照使其生長。給水1週1次左右，須注意不可讓介質變成乾裂狀，小苗可施以肥料。為了預防冬季的寒冷，10月中請移至室內。

冬季（1～2月）的管理：與球狀仙人掌相似的球型種（A）、塊根性種（B）、與柱狀仙人掌相似的樹木型（D），冬季生長遲緩，可待介質乾燥後才給水，1個月2～3次。

大戟屬的葉子。生長初期會附著小葉子，很快就會掉落。

棒錘樹屬
PACHYPODIUM

夾竹桃科　非洲～馬達加斯加原產　栽培難易度：★★★　夏型　越冬溫度：7℃

非洲霸王樹　*Pachypodium lamerei*
原產自馬達加斯加，莖身長了很多刺，頂端的葉片向外展開，外形與亞阿相界（*Pachypodium geayi*）極為相似，但是葉片較寬，背面沒有細毛。照片這株寬約8cm。

巴氏棒錘樹　*Pachypodium baronii*
原產自馬達加斯加，莖的基部渾圓的塊莖植物。橢圓形的葉片帶有光澤，會開 3cm 左右的紅花。照片這株寬約 30cm。

惠比壽笑　*Pachypodium brevicaule*
原產自馬達加斯加，扁平形狀的塊莖很受歡迎，花是檸檬黃色。不耐寒，所以溫度要維持 7℃ 以上。對於潮濕悶熱的耐受性也不好。照片這株寬約 15cm。

　　有肥大莖部的「塊莖植物」的代表。馬達加斯加和非洲已知約有 25 個種，其中約 20 個種來自馬達加斯加。據說在原生地，有的種的粗大莖部可延伸生長至 10m 高，多肉質的莖被許多刺所覆蓋。有的種類莖會縱向生長變成大型植株，有些則是圓圓胖胖的模樣，型態多樣，饒富趣味。花也很美麗，會開紅色或黃色的花朵。

惠比壽大黑
Pachypodium densicaule
利用惠比壽笑和體質較強健的筒蝶青
（*Pachypodium horombense*）交配出來，目
的是為了培育比較強健的種苗。照片這株
寬約 20cm。

象牙宮
Pachypodium rosulatum var. gracilis
原產自馬達加斯加的 *Pachypodium rosulatum* 的變種。多
刺的多肉質莖部往上延伸，可長至高度約 30cm。春天
會開黃色的花朵。冬季溫度要保持在 5℃ 以上。

天馬空
Pachypodium succulentum
產自南非，從圓形的肥厚莖部長出放射狀
展開的細枝，長成頗具趣味的樹型。照片
這株高約 40cm。

管理重點

　　全部都是春季至秋季生長的夏型種，須留意寒
冷氣溫，冬季盡量力求保溫，最低溫度確保在 7℃
以上使其生長。

　　生長期請置於日照良好的屋外培育。良好通風
也很重要。惠比壽笑等較不耐熱的種類，請置於
涼爽的場所。

　　只有光堂（*Pachypodium namaquanum*）是冬型
種，請採取與其他種相反的方式栽培。夏季會落
葉、休眠，請置於不會淋到雨的場所，斷水並保
持涼爽，使其休息。秋季開始長出葉子，給予少
量水分使其繁殖。

栽培曆

月份	1	2	3	4	5	6	7	8	9	10	11	12
置放場所	屋外日照良好的場所											
給水	控制給水				介質變乾就馬上給水					控制給水		
其他					換盆移植、扦插繁殖							

春季（3〜4月）的管理：1〜2月從休眠中醒來。

進入4月天氣變暖會長出新葉，告知生長期的來臨。置於日照和通風良好的屋外，給予充足日照使其生長吧！淋到雨也沒關係。給水1週1次左右，避免介質變乾，土表一乾就立刻給水。喜歡肥料，1個月1〜2次施用稀釋液肥代替給水，或是置放有機肥。

適合換盆移植的時期是4月。移植到大一點的盆器中，放入多一點的基肥。尤其是亞阿相界、非洲霸王樹、白馬城（*Pachypodium saundersii*）等種喜歡多肥，若直接種在地面會有驚人的生長。因為是淋雨栽培，因此請使用排水性佳的介質栽種。

梅雨季（5〜6月）的管理：與春季相同，置於通風良好的場所管理，淋到雨也沒關係。即便栽種在會淋到雨的場所，雨量少時還是需要給水，以免介質變乾。

夏季（5〜11月）的管理：生長最旺盛的季節。置於日照和通風良好的場所，淋到雨也沒關係。介質變乾就立刻給予大量的水分。根據置放場所而定，約1週給水1〜2次。不進行換盆移植的植株，施以液肥替代給水，或是置放有機肥。換盆移植和繁殖全部在夏季期間進行。惠比壽笑等種因為不喜潮濕悶熱，請置於涼爽的半日陰處，並避免淋到雨。

秋季（11〜12月）的管理：延續從夏季開始的生長期，一樣置於日照和通風良好的場所，給予充足日照使其生長。給水1週1次左右，並施用肥料。

冬季（1〜2月）的管理：12〜2月是休眠期。落葉後移至室內，完全斷水。低溫期若給水會導致根部腐爛，多數種類的最低溫度須維持7℃以上，巴氏棒錘樹和迪氏棒錘樹（*Pachypodium decaryi*）等特別不耐寒的種類，則須維持10℃以上。花朵會在休眠期的1〜2月綻放。

其他的管理：雖然可以利用實生繁殖，但似乎大多不太容易結種子。

各種的棒錘樹屬。

其他的多肉植物

Bulbine 屬 BULBINE

獨尾草科（百合科）
南非、澳洲原產
栽培難易度：★★★
冬型
越冬溫度：3℃

玉翡翠
Bulbine mesembryanthoides

　在南非與澳洲東部已知約有 30 個種的屬，作為多肉植物栽培、比較常見的，大概只有照片中的玉翡翠。雖然還有名為 *Bulbine haworthioides* 的種類，但是比較罕見。此外，也有被日本稱之為「花蘆薈」，作為盆花和花圃苗栽培的 *Bulbine frutescens*。玉翡翠的魅力在於其柔軟透明的葉子與番杏科相似的緣故，所以取了很相近的種小名。會開出像滿天星般的白色小花。照片這株寬約 3cm。

蒼角殿屬 BOWIEA

獨尾草科（百合科）
南非原產
栽培難易度：★★★
冬型
越冬溫度：5℃

蒼角殿
Bowiea volubilis

　在南非已知有 5 ～ 6 個種的小屬。莖圓圓的形狀如同洋蔥般，屬於塊莖植物的一種。生長期會從莖（鱗莖）的頂端伸出細蔓，並長出許多細長的葉子，開出白色小花。栽培比較容易。生長習性因種而異，有些是夏型，有些是冬型，請留心注意。照片中的蒼角殿屬於冬型，球莖會長到直徑 5 ～ 6cm。自花授粉後結出種子。近緣種當中，有球莖達 20cm 的大蒼角殿。

虎尾蘭屬 SANSERVIERIA

獨尾草科（百合科）
非洲原產
栽培難易度：★★★
冬型
越冬溫度：0℃

香蕉虎尾蘭
Sansevieria ehrenbergii
'Banana'

　原產於非洲等乾燥地帶，已知約有 70 個種。因為具空氣淨化作用而成為話題，已作為觀葉植物在市面上流通。多肉迷則栽培小型的優形種。非常耐濕氣和乾燥，很容易照料，但不耐寒，冬季時須移至室內，春季到秋季則放在室外會長得比較健康。香蕉虎尾蘭是劍虎尾蘭的矮性品種，葉子較寬、肉質較厚。照片這株的葉片長約 10cm，若持續生長可超過 20cm。

藍耳草屬 CYANOTIS

鴨跖草科
非洲、亞洲、澳洲原產
栽培難易度：★★★
冬型
越冬溫度：0℃

銀毛冠錦
Cyanotis somaliensis
f. *variegata*

　在非洲、亞洲、澳洲北部已知有 50 個種。小型略為多肉質，所以在多肉植物的溫室經常見到它們的身影。是非常耐暑熱和寒冷的強健植物，給予多於其他多肉植物的水分，並增強遮光的話，就能維持鮮嫩的葉色。照片這株是葉子長有許多細毛的錦斑品種。

蘇鐵屬 CYCAS

蘇鐵科
亞洲、澳洲、非洲原產
栽培難易度：★★★
夏型
越冬溫度：-5°C

蘇鐵
Cycas revoluta

　在亞洲、澳洲、非洲等地已知約有 20 個種的原始裸子植物，在日本九州南部也有原生的蘇鐵，栽種遍及日本各地。多肉質的莖極少分叉，大型蘇鐵的高度可達 5m 以上。葉子是如蕨類植物般的羽狀複葉，雌雄異株。

鳳尾蘇鐵屬 ZAMIA

鳳尾蘇鐵科
北美洲～中美洲原產
栽培難易度：★★★
夏型
越冬溫度：0°C

鳳尾蘇鐵
Zamia furfuracea

　在南北美洲的熱帶至溫帶地區已知約有 40 個種的蘇鐵科家族。相較於蘇鐵科比較小型，生長也比較慢，適合作為盆栽植物賞玩。因為不耐寒，冬季要置於室內照料。蘇鐵科家族除了本屬外，還有澳洲的大澤米屬（*Macrozamia*）和鱗葉蘇鐵屬（*Lepidozamia*）、墨西哥和中美洲的角狀澤米屬（*Ceratozamia*）和雙子蘇鐵屬（*Dioon*）等等，已知約有 100 個種左右。

非洲蘇鐵屬 ENCEPHALARTOS

蘇鐵科
非洲原產
栽培難易度：★★★
夏型
越冬溫度：5°C

姬鬼蘇鐵
Encephalartos horridus

　在非洲南部已知約有 30 個種。樹高從數十公分至數公尺都有，也有地下有塊莖而地面上只露出葉子的種類。因多數種的葉子前端呈尖銳狀，因此日本稱之為「鬼蘇鐵屬（オニソテツ）」。照片這株是葉片上覆蓋有青白色細粉的漂亮種類，長大後小葉片的前端會分成 2～3 片。也有人把它歸類於鳳尾蘇鐵科。

二葉樹屬 WELWITSCHIA

二葉樹科
非洲南部原產
栽培難易度：★★★
春秋型
越冬溫度：10°C

奇想天外
Welwitschia mirabilis

　原生自非洲納米比亞沙漠，1 科 1 屬 1 種的極其珍貴植物，日本替它取了「奇想天外」這個名字。莖和根會往地下伸長，莖的前端終生只會長 2 片不斷生長延伸的葉片。生長非常緩慢，但也因此很長壽，據說在原生地有超過 2000 歲的大型植株。照片這株的葉片長約 1m。種植在深盆中且不斷絕水分是栽培重點，建議採取腰水栽培。

其他的多肉植物

椒草屬 PEPEROMIA

胡椒科
中南美洲原產
栽培難易度：★★★
冬型
越冬溫度：2℃

糙葉椒草
Peperomia asperula

以南美洲為中心已知有 1500 個種以上的大屬，在澳洲也有發現少數幾個種。大多是在森林中附生於樹木的小型植物，葉片肉厚渾圓的則作為多肉植物栽培。有的擁有透明葉窗，有的葉片帶著紅色，植株小巧可愛，很適合放在窗邊等處享受栽種樂趣。花朵極小，無法成為觀賞重點。不耐潮濕悶熱，因此要以冬型種的方式進行管理。春季和秋季置於室外日照良好的地方，夏季則置於通風良好的陰涼處。

吹雪之松屬 ANACAMPSEROS

馬齒莧科
南非原產
栽培難易度：★★★
春秋型
越冬溫度：0℃

吹雪之松錦
Anacampseros rufescens
f. *variegata*

馬齒莧科的多肉植物。小型種多且生長緩慢，適合放在窗邊培育。雖然比較耐寒耐熱，但仍舊無法忍受夏季潮濕。夏季栽培的重點，就是務必保持良好的通風。除了盛夏和嚴冬外，其他時候等盆土乾燥後再給予大量的水分。吹雪之松錦是帶有鮮豔粉紅色和黃色漸層的美麗品種，葉片之間會長出絨毛是其特徵。照片這株寬約 3cm。

樹馬齒莧屬 PORTULACARIA

馬齒莧科
南非原產
栽培難易度：★★★
夏型
越冬溫度：0℃

雅樂之舞
Portulacaria afra
var. *variegata*

原產自南非，1 屬 1 種，光澤圓形小葉很可愛的多肉植物。雖然被歸類為馬齒莧科，但最近也有人把它歸類為龍樹科（*Didiereaceae*）。帶有美麗錦斑的雅樂之舞廣泛流通於市面上。生長期是夏季，耐熱性強，春季到秋季置於日照充足的戶外，只有炎夏期施以遮光培育比較保險。因耐寒性差，冬季要移至室內照料。秋季葉片的紅色會加深，非常美麗。春季時可剪取枝條施行扦插繁殖。換盆移植也在春季進行。

白鹿屬 CERARIA

馬齒莧科
南非、納米比亞原產
栽培難易度：★★★
夏型
越冬溫度：5℃

白鹿
Ceraria namaquensis

在南非和納米比亞已知約有 10 個種，由於是落葉性或半落葉性灌木植物，因此最近也有人將其歸類為樹馬齒莧屬。有的是細長莖上長有許多多肉質葉片的種類，也有莖部肥大的塊莖植物。生長型態是夏型，栽培困難種很多。照片中的白鹿也屬於栽培困難種，白色直莖上長著豆子般的小葉，莖身直立往上生長。

刺戟木屬 DIDIEREA

龍樹科
馬達加斯加原產
栽培難易度：★★★
夏型
越冬溫度：3°C

金棒之木
Didierea madagascariensis

　馬達加斯加特有的植物，已知有 2 個種。兩者的莖都呈樹木狀，且會發出長刺，每年都會從刺的根部長出新葉。照片中的金棒之木，是銀灰色莖幹上長著綠色細長葉子和白色刺的珍貴種，在原生地，莖的直徑可長至 40cm，高度也可達 6m。屬於夏型，在高溫時生長。

沙漠玫瑰屬 ADENIUM

夾竹桃科
非洲～阿拉伯半島原產
栽培難易度：★★★
夏型
越冬溫度：7°C

沙漠玫瑰
Adenium obesum
var. multiflorum

　大型的塊莖植物，基部肥大，會開美麗的花朵，也有被稱為「沙漠玫瑰」的種類。在納米比亞～阿拉伯半島已知約有 15 個種，全都是熱帶性植物，因此耐寒性較差，冬季須斷水並維持 10°C 以上的溫度。照片中的是略小型的變種，溫度低於 8°C 葉子會掉落，但只要 5°C 以上即可越冬。

亞龍木屬 ALLUAUDIA

龍樹科
馬達加斯加原產
栽培難易度：★★★
夏型
越冬溫度：5°C

魔針地獄／長刺二葉金棒
Alluaudia montagnacii

　馬達加斯加的特有種，已知有 6 個種。樹木狀的莖幹發出長刺，每年都會從刺的根部長出新葉。葉子直接從莖幹裡長出、呈縱向排列是其特徵。照片中的魔針地獄，粗莖幹上密集生長著圓葉和長刺，是夏型的強健種。

吊燈花屬（蠟泉花屬） CEROPEGIA

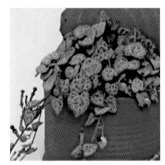

夾竹桃科
南非～熱帶亞洲原產
栽培難易度：★★★
春秋型
越冬溫度：0°C

愛之蔓
Ceropegia woodii

　世界各地已知約有 200 個種。型態各異其趣，蔓性的種類很多，也有具棒狀莖幹的種類。最為人熟知的是愛之蔓，蔓性生長的心型葉片，很適合作為吊盆欣賞。生長期是春季和秋季，請置於日照和通風良好的場所管理，冬天則須置於不會凍傷的場所。用扦插、分株、或是用莖上面長出來的子球都可以繁殖。

其他的多肉植物

龍角屬 HUERNIA

夾竹桃科
非洲～阿拉伯半島原產
栽培難易度：★★★
夏型
越冬溫度：3℃

蛾角
Huernia brevirostris

　　從南非到衣索比亞、阿拉伯半島已知約有 50 個原生種。莖部肥大，有點凹凸不平的感覺，會從莖上面直接長出 5 瓣的多肉質花朵。利用蒼蠅作為授粉的媒介，所以有的種會散發不好聞的味道。照光較少的環境也可生長，因此很適合在室內栽培，冬季須置於室內照料。照片中的蛾角原產於南非的開普省，高約 5cm 的莖密集叢生，夏季時會開 5 瓣的黃色花朵。

魔星花屬 STAPELIA

夾竹桃科
南非原產
栽培難易度：★★★
夏型
越冬溫度：3℃

紫水角
Stapelia olivacea

　　以南非為中心已知約有 50 個種，亞洲和中南美洲也有分布。生長期的春季到秋季，請給予充足日照及大量水分。冬季移至室內並控制給水。溫度低於 10℃ 則停止給水，使其完全休眠。紫水角原產於南非，會從根際處長出許多莖，形成群生。經常接觸陽光會變成美麗的紫色，綻放直徑約 4cm 的紫色星型花朵。照片這株高約 20cm。

擬蹄玉屬 PSEUDOLITHOS

夾竹桃科
非洲東部～
阿拉伯半島原產
栽培難易度：★★★
夏型
越冬溫度：5℃

哈拉德擬蹄玉
Pseudolithos herardheranus

　　非洲東部到阿拉伯半島已知約有 7 個種，塊狀莖是其特徵。須置於日照和通風良好處，日照過強會讓表面變紅褐色，施以遮光即可恢復原貌。給水略少一些。生長期的夏季，介質乾燥一陣子後給予大量水分。冬季移至室內，基本上雖須斷水，但是 1 個月 1～2 次，給予極少量的水可防止根部枯死。照片中的哈拉德擬蹄玉原產於索馬利亞，莖的基部會長出花朵。

佛頭玉屬 TRICHOCAULON

夾竹桃科
南非原產
栽培難易度：★★★
夏型
越冬溫度：5℃

佛頭玉
Trichocaulon cactiformis

　　也有人分在「麗盃閣屬（*Hoodia*）」，在南非已知約有數十種。佛頭玉原產自納米比亞，與擬蹄玉屬很相似，差別在於它的花是頂生。花朵呈小型星形，帶有花紋。照片這株寬約 7cm。

千里光屬 SENCERIO

菊科
南西非、印度、
墨西哥原產
栽培難易度：★★★
春秋型
越冬溫度：0°C

馬賽的矢尻
Sencerio kleiniiformis

　世界上分布有 1500 ～ 2000 個種，是菊科中的大屬。圓形玉珠串連垂墜的綠之鈴（請參照第 112 頁）、葉片像箭頭的馬賽的矢尻等等，各異其趣的獨特外型深具魅力。大多是在春季和秋季生長的種類，耐寒性和耐熱性很好，是容易栽培的多肉植物。根部不喜歡極度乾燥，即使是夏季或冬季的休眠期，也不可讓根部變得過度乾燥。移植時也須注意避免根部乾燥。

蒴蓮屬 ADENIA

西番蓮科
非洲～東南亞原產
栽培難易度：★★★
夏型
越冬溫度：5°C

幻蝶蔓
Adenia glauca

　非洲～東南亞已知約有 100 個種的塊莖植物。討厭強烈日照，性喜明亮的陰涼處。生長期從春季到秋季，這個時期水分一乾就充分給水。耐寒性弱，冬天移至室內，不要給水。幻蝶蔓原產於南非熱帶草原氣候區的多岩石地帶，春天會從莖的前端伸出藤狀細枝，長出許多分成 5 片的葉子，秋季時會落葉。冬季時的栽培環境要維持 8°C 以上。

厚敦菊屬 OTHONNA

菊科
南非原產
栽培難易度：★★★
冬型
越冬溫度：0°C

紫月
Othonna capensis
'Ruby Necklace'

　主要原生自非洲西南部，約有 40 個種棲息於此。常見的是蔓性生長的紫月，球狀葉片垂墜伸長，很適合懸吊栽培。生長期從秋季到冬季，夏季須避免直射陽光，置於陰涼處培育為佳。莖部會呈肥厚塊莖狀的種類，夏天葉片多會完全掉落，進入休眠，因此請完全斷水並置於涼爽的陰涼處管理。扦插時，插穗避免乾燥，一切取後就立刻扦插。

福桂樹屬 FOUQUIERIA

福桂樹科
墨西哥原產
栽培難易度：★★★
夏型
越冬溫度：5°C

簇生刺樹／簇生福桂樹
Fouquieria fasciculata

　在墨西哥等地已知約有 10 個種的塊莖植物。簇生刺樹是原生於墨西哥南部極狹小區域的稀少種，生長速度非常緩慢，據說樹齡樹百年的植株，粗只有數十公分，高度也才數公尺。秋天時葉片會轉紅，而且會落葉。生長期從春季到秋季，請給予充足日照。給水比其他多肉植物略少，充分乾燥後再給。秋天會轉紅葉及落葉，因此請移至室內，到春天為止持續斷水。

❻仙人掌

在南美多樣進化的多肉植物

說到多肉植物的代表，就會讓人聯想到仙人掌。以墨西哥為中心，在南北美洲分布有 2500 個種以上，廣泛栽培於世界各地。從熱帶乾燥地區到高山的森林，生長地區多樣，但大多生長於乾燥地帶，性喜強光和乾燥氣候。幾乎所有種類都沒有葉子，莖部因多肉化而肥大。依據莖部的形狀，區分為團扇仙人掌、柱狀仙人掌、球狀仙人掌。尖銳的刺是其特徵，但也有無刺的種類。其獨特的姿態及長而大的針刺是觀賞焦點，但也有很多會開美麗的花朵，能欣賞到紅色和黃色的大朵花。

喜好夏季的高溫與強光

幾乎所有種類都喜歡夏季的高溫。給水即使是夏季，1～2 週給 1 次就很足夠，冬季則是 1 個月 1 次左右。雖然耐寒性強的很多，但是冬季為避免凍傷，移至室內比較保險。

多數種類喜歡強光，日照太少的話，前端會伸長，破壞形狀美觀，請置於日照良好的場所培育。只不過，星球屬、岩牡丹屬、裸萼球屬等受歡迎的種類，原產自森林地帶和草原等地的意外地多，日照過強反而可能曬傷，因此請置於有用黑紗網遮光的場所。

仙人掌科主要的屬

團扇仙人掌

莖呈扁平狀的仙人掌。莖節長至一定程度會停止生長，長出新的莖節，生長成多個莖節重疊的模樣。刺小且刺座密集叢生，長有極細的鉤刺，一旦刺到會相當難處理，因此請務必小心別觸碰到。

金烏帽子
Opuntia microdasys

柱狀仙人掌

在墨西高等地經常看到柱狀生長的仙人掌，大型的可高達數公尺。雖然被認為是仙人掌的代表，但被當作趣味栽培的卻不多。與球狀仙人掌沒有明確的區別，柱狀仙人掌的粗矮版就稱為球狀仙人掌。

麗光丸
Echinocereus reichenbachii

球狀仙人掌

植株呈球狀的圓形仙人掌，被稱為仙人掌進化最完全的形狀。也有少許如同柱狀仙人掌般往上伸長的種類。有的植株表面會呈稜狀或突起，這是為了緩和強光。小型種很多，且多數種類廣為栽培，也製作出許多園藝品種。

金晃丸
Notocactus Leninghausii

柱狀仙人掌聳立的墨西哥荒野。

疣仙人掌屬
MAMMILLARIA

仙人掌科　南美洲、西印度群島原產　栽培難易度：★★★　夏型　越冬溫度：0℃

勞依　*Mammillaria laui*
小型球體容易群生的疣仙人掌屬。從春季到夏初會開粉紅色小花。冬季日照充足的話，開花狀況會比較良好。

雅卵丸　*Mammillaria magallanii*
被淡粉紅細刺包覆的小型疣仙人掌屬。很容易長出子株，形成漂亮的群生株。白色的花瓣，帶著粉紅色的中肋。

月影丸　*Mammillaria zeilmanniana*
很小株卻能開滿花朵。因為用實生栽培，短期內就會開花，在園藝店等地方很常見，不過栽種較有難度。會長出子株形成群生。

　　主要分布於墨西哥，擁有超過 400 個種的龐大族群。從球形到圓筒形都有，長出子株形成群生的類型也可見到，有各種形狀的刺。大多是小型種，相當具收集性的仙人掌。「*Mammillaria*」這個學名有「疣狀突起」的意思，因為刺大多從疣的頂點長出。開小花的種類很多，有的很容易開花，有的則不怎麼開花。強健種很多，是非常容易栽培的仙人掌。

煙火　*Mammillaria luethyi*
於 1990 年代再度發現的仙人掌，會開大型的粉紅花。雖然市面上大多是嫁接繁殖出來的，但是這樣也頗具樂趣。

姬春星
Mammillaria humboldtii var. caespitosa
長出許多子株形成圓頂狀的群生株，春天會開紫桃色的花朵。須在日照充足的環境下栽種。照片這株寬約 10cm。

白星　*Mammillaria plumosa*
分布於墨西哥的疣仙人掌屬。如白雪般的絨毛覆蓋整個植株。為了不弄髒白毛，請不要從頭部澆水。

管理重點

　　基本上須置於不會淋到雨的地方培育，只要留意日照和通風，就能生長良好。日照良好的話，球體表皮的顏色會比較深。喜歡夏天的高溫，但仍須留意夏天的多濕氣候，給水量過多或過於潮濕，很容易造成腐爛。盡量保持良好通風，是成功栽種的訣竅。

栽培曆

月份	1	2	3	4	5	6	7	8	9	10	11	12
置放場所	日照良好，不會淋到雨的屋外			不會淋到雨的屋外（30% 遮光）						日照良好，不會淋到雨的屋外		
給水	介質變乾 2～3 天後給水						控制給水		介質變乾 2～3 天後給水			
其他					換盆移植							

春季（3～4 月）的管理：生長期的開始，從冬天延續開花的季節。梅雨季節前置於日照良好的場所，用無遮光的充足陽光培育。非常耐乾燥，給水 2 週 1 次左右就很足夠。
移植雖然也可在這個時期進行，但是為了讓春天的生長快一點，建議秋天再進行。

梅雨季（5～6 月）的管理：延續春天的生長期。盡量置於明亮、通風良好的場所管理。

夏季（5～10 月）的管理：雖說是強健的種類，但不耐夏天暑熱的其實也不少，務必注意夏天的多溼氣候。盛夏時置於 30% 遮光下，同時控制給水，等待秋天的來臨。給水量過多或過於潮濕，很容易造成腐爛。大型群生株，7～8 月很多會腐爛，斷水使其休眠比較保險。

秋季（11～12 月）的管理：夏季斷水者，可恢復春季的方式給水。
白色系疣仙人掌屬可在這個時期進行換盆移植。仔細清掉舊土，切整細長的根端，長根切半，放 1 週～10 天左右使其乾燥再栽種。

冬季（1～2月）的管理：疣仙人掌屬大多非常耐寒，很多在 0℃ 以下也可越冬。比較例外的有琴座、金銀司、白天丸、*Mammillaria deherdtiana*、*Mammillaria dodsonii*、利久丸等不耐寒的種類，全部都須控制給水，1 個月 1 次左右就很足夠。

換盆移植雖然也可在春季進行，但是生長期是從早春開始，因此若等到秋季再換盆移植，可讓從春季開始的生長更為順利。生長早的種類，1～2月就會長花苞，到春季的 4 月是開花期。也有冬季會小花群開的種類，樂趣無窮。

其他的管理：為了享受實生樂趣，也有經過 2～3 年就能培育開花球的種類。果實成熟時會從刺座之間突起棒狀的果實，從中可取得種子。但是，卡美娜、白鳥、近緣的月光殿屬等等，果實成熟仍舊會埋在刺座之間，任意挖出來的話會受傷，並從該處開始腐爛變嚴重，等 8 月果實的皮乾燥後，取種子會變容易，屆時再採種。

嫁接，不管是與砧木接合，或是取下嫁接後的接穗都很輕鬆，短時間就能製作群生株。也有嫁接後直接長出自生根的狀況，砧木無菌的話，之後的生長將會非常順利。

仙人掌的混栽。

星球屬（有星類仙人掌）
ASTROPHYTUM

仙人掌科　墨西哥原產　栽培難易度：★★★　夏型　越冬溫度：3℃

兜　*Astrophytum asterias*
星球屬最有人氣的種，屬於無刺仙人掌。有許多透過交配培育
出的品種，在國外也廣受喜愛。

碧琉璃兜
Astrophytum asterias var. nudum
沒有白點的兜，刺座上綿毛的大小等等變
化是其魅力所在。直徑約 8～15cm，頂
部會開出淡黃色的花。冬天的時候要控制
給水。

碧琉璃兜錦
Astrophytum asterias
var. nudum f. variegata
碧琉璃兜的錦斑品種，沒有白點，但是有
黃斑。照片這株的斑是片狀，有斑的部分
因為生長比較快速，所以株型有些傾斜。

　　從墨西哥到德克薩斯州已知有 6 個種的仙人掌。球體上有著如鑲嵌星星般的白點，所以也有「有星類」
的稱呼，從形狀來看也可稱為「兜」。球體模樣充滿變化的變種和交配種豐富，有許多園藝品種。直徑
一般約 10cm 左右，多數的種都沒有刺，容易照料，一直是擁有許多粉絲的仙人掌，錦斑品種也很受歡
迎。球體的頂部，會開中心是紅色的黃色花朵。

碧琉璃鸞鳳玉
Astrophytum myriostigma var. *nudum*
是鸞鳳玉沒有白點的種。像照片這株有著
圓潤飽滿的稜角，是比較受歡迎的類型。

四角鸞鳳玉
Astrophytum myriostigma
鸞鳳玉一般是 5 個稜角，照片這株因為是
4 個稜角，所以稱為四角鸞鳳玉。也有 3
個稜角的，但很容易產生增稜現象，最終
甚至變成綴化種。

鸞鳳玉錦
Astrophytum myriostigma f. *variegata*
鸞鳳玉的錦斑品種。照片這株的斑非常鮮
豔醒目，幾乎看不見白點，是非常漂亮的
個體。

| 管理重點 | 性喜日照，但不耐強烈陽光，可能會因此曬傷，因此夏季採遮光處理會比較好。也不耐寒冷，最低溫度低於 5℃ 時，斷水使其休眠。 |

栽培曆

月份	1	2	3	4	5	6	7	8	9	10	11	12
置放場所	日照良好的窗邊或不淋雨的屋外			不會淋到雨的屋外（30% 遮光）							日照良好的窗邊或不淋雨的屋外	
給水	控制給水			介質變乾 2～3 天後給水							控制給水	
其他			換盆移植									

春季（3～4 月）的管理：2～3 月下旬左右開始進入生長期，在春季健康地結花苞。花除了寒冬外，
一年會開數次。

雖須置於日照和通風良好的場所管理，但 4 月開始日照變強，施以 30% 左右的遮光會比較好。給水也稍
微變多，標準是 1 週 2 次左右。因為變得十分暖和，從 5 月到進入梅雨季前進行換盆移植會比較理想。
鸞鳳玉品種每年換盆移植的話，可生長良好。

梅雨季（5～6 月）的管理：梅雨時介質較不容易變乾，因此須控制給水，過度潮濕會導致根部腐爛。
避免直射陽光，施以 30% 左右的遮光。

夏季（5～10 月）的管理：星球屬是溫暖季節會生長的仙人掌，因此夏季不須休息，使其繼續生長（尤
其是兜）。給水量比春季時期要少，介質變乾 2～3 天後再給予大量水分。避免直射陽光，施以 30%
左右的遮光。

秋季（11～12 月）的管理：秋季也延續夏季持續生長。10 月底天氣變涼爽之際，請給予充足的水量。
11 月拿掉黑紗網，使其接觸直射陽光。

冬季（1～2月）的管理：冬季會停止生長，因此控制給水，到寒流來臨可以完全斷水。

其他的管理：實生建議一採集種子就播撒。大型種的發芽苗約可長至3mm，馬上可嫁接到「三角柱」上。若不滿意「兜」嫁接到「三角柱」的結果，生長至1cm左右的時候，再嫁接到「短毛丸」上可取得不錯的結果。

各種仙人掌的組合。

岩牡丹屬（牡丹類仙人掌）
ARIOCARPUS

仙人掌科　墨西哥原產　栽培難易度：★★★　夏型　越冬溫度：3℃

黑牡丹　*Ariocarpus kotschoubeyanus*
個別來看雖是小型植株，但會長出子株形成群生株。要長成可觀的群生株，需要耐心栽培。

花牡丹　*Ariocarpus furfuraceus*
是岩牡丹屬裡較會開大型花的種，跟岩牡丹（*Ariocarpus retusus*）極為相似，請留意不要搞錯。照片這株寬約15cm。

龜甲牡丹　*Ariocarpus fissuratus*
刺座上會長出美麗的白毛。因為不耐寒，冬季時要在室內溫暖的環境下栽培。

　　從墨西哥到德克薩斯州已知有10個種的仙人掌。獨特的姿態深受喜愛，從以前就有許多熱心的多肉迷，培育出許多園藝品種。隨著栽培技術的進步，在日本實生栽培出來的美麗個體已逐漸在市面上出現。看似三角形葉片重疊的模樣，其實是莖部變形而成，並非真的葉子。以前岩牡丹屬和龜甲牡丹屬是分開的兩個屬，現在已經合併成岩牡丹屬。生長非常緩慢，要長大必須耗費許多時間。岩牡丹屬、龜甲牡丹屬、龍舌牡丹屬（*Neogomesia*）這3個屬，因形狀會讓人聯想到牡丹花，因此被稱為「牡丹類」。

管理重點

欲使其生長漂亮需要高溫，夏季適合溫度為 35～40°C 左右。連山（*Ariocarpus lloydii*）品種遇到冬季的低溫，根系延展性會變差，連帶打亂了春季開始的生長狀況，因此請盡量一整年置於溫室栽培。

不耐強烈日照，強光無法讓植株表面長得漂亮。在原產地，幾乎半顆植株是埋在土中生長。高溫期施以 50% 左右的遮光，低溫期充足日照。水等介質乾燥一陣子後，疣變得有點軟時再給水。從春季到秋季的生長期，差不多 1 週給水 1 次左右。

冬季置於日照良好的場所，控制給水，並確保最低溫度在 3°C 以上。換盆移植在 4～9 月的高溫時進行。移植後的植株容易因強烈日照而曬傷，須注意避免直接照射陽光。

栽培曆

月份	1	2	3	4	5	6	7	8	9	10	11	12
置放場所	不會淋雨的屋外			不會淋到雨的屋外（50% 遮光）								不會淋雨的屋外
給水	控制給水			介質變乾 2～3 天後給水								控制給水
其他				換盆移植								

春季（3～4 月）的管理：從春季開始是生長期。請施以 50% 左右的遮光，並盡量放在溫暖的場所培育。冬季期間雖然控制給水，但是一進入 3 月即可開始給水。給水多一點，約 1 週 1 次左右。換盆移植選在 4 月以後，天氣變得十分暖和時再進行。尤其是龜甲牡丹，低溫無法發根。

梅雨季（5～6 月）的管理：與春季相同，置於 50% 左右遮光的場所培育，梅雨時介質乾燥速度變慢，因此須控制給水。

夏季（5～10 月）的管理：非常喜歡暑熱，夏季是最佳生長期。35～40°C 左右是適合生長的溫度，因此請盡可能放在溫室栽培。持續給水，介質一乾就馬上給水。

秋季（11～12 月）的管理：會綻放與植物體不太相稱的大型美麗花朵，替花朵不多的秋季帶來賞花樂趣。疣之間容易潛伏介殼蟲，因此請預先在疣間施放藥劑去除蟲害，以替即將到來的冬季做準備。

冬季（1～2 月）的管理：冬季生長緩慢可控制給水，寒流來時可斷水。

哥吉拉　*Ariocarpus fissuratus 'Godzilla'*
龜甲牡丹的突變種，是會讓人聯想到怪獸哥吉拉的人氣品種。

姬牡丹
Ariocarpus kotschoubeyanus var. macdowellii
黑牡丹的變種，株型更小，花是白色的（也有比黑牡丹的紅花更淡的粉紅色）。照片這株寬約 5cm。

三角牡丹　*Ariocarpus trigonus*
因為疣呈三角形，所以被賦予這個名字。照片這株寬約 20cm，屬於細葉的類型，花是淡黃色。

裸萼球屬
GYMNOCALYCIUM

仙人掌科
南美洲原產
栽培難易度：★★★
夏型　越冬溫度：0°C

緋牡丹錦　*Gymnocalycium mihanovichii var. friedrichii f. variegata*

強刺碧嚴玉／應天門
Gymnocalycium hybopleurum var. ferosior

分布於阿根廷、巴西、玻利維亞的草原地帶，已知約有 70 個種。大多是直徑 4～30cm 左右的小型種，外形也大多簡單樸素，從以前就很受偏好素雅的多肉玩家歡迎。有刺長且粗的美麗種類，也有球體染上紅色的品種。從春季到秋季會長出紡錘狀的花苞，並陸續綻放。開花狀況良好，除了紅花的緋花王和黃花的稚龍玉外，大多是開白色的花。

管理重點

因為原生於草原地帶，大多數比一般仙人掌不喜好強光。牡丹玉品種照射強光會曬傷，有的甚至會停止生長。從 3 月到 11 月請施以 50% 遮光，給水也要稍微多一點。

栽培曆

月份	1	2	3	4	5	6	7	8	9	10	11	12
置放場所	不會淋雨的屋外			不會淋到雨的屋外（50% 遮光）								不會淋雨的屋外
給水	1 個月 2 次			介質變乾再給								1 個月 2 次
其他					換盆移植							

春季（3～4 月）的管理：春季比其他仙人掌還要早醒來，並開始生長。2 月下旬左右開始給水，之後一旦確認介質變乾就立刻給水。從春季到秋季施以 50% 左右的遮光，使其鮮嫩美麗地生長。換盆移植從早春（2 月）可開始進行。

梅雨季（5～6 月）的管理：與春季相同，置於 50% 左右遮光的場所培育。梅雨時介質變乾速度較慢，因此須控制給水。

夏季（5～10 月）的管理：比較耐熱，夏季延續春季持續生長，請比照春季進行管理。

秋季（11～12 月）的管理：秋季也延續夏季持續生長。這個時期雖然也可換盆移植或繁殖，但請在 12 月前完成。

冬季（1～2 月）的管理：冬季不須完全斷水，請 1 個月 2 次給予些許水分。不太耐寒，冬季若給予良好日照，花苞會結得很好。

其他的管理：花從 4 月到 9 月這半年間會開花好幾次。尤其是緋牡丹錦到 11 月底都還會持續開花。實生，除了種子較大的海王丸外，其他種類的種子較小，發芽苗也差不多只有 1mm，種一年甚至只會長到數 mm（成株會長到 50cm 的「新天地」也是如此）。由於 1 顆果實中的種子數量相當多，請小心別一次播撒太多。

絲葦屬
RHIPSALIS

仙人掌科
北美洲～南美洲原產
栽培難易度：★★★
夏型　越冬溫度：0℃

松風
Rhipsalis capilliformis

青柳　*Rhipsalis cereuscula*

南美原產的森林性仙人掌，佛羅里達州到阿根廷已知約有 60 個種。不像仙人掌的姿態，既沒有葉子也沒有刺，附生在樹枝上垂墜生長。多為小型種，在家用吊盆等培育會長出煙火般的枝條。花朵雖然樸素，但花開後會結橘色或白色的果實甚是有趣，很適合作為明亮室內設計規劃的新面孔。

管理重點

因為是森林性仙人掌，一整年都避免強烈日照，置於樹蔭或半日陰處、50% 遮光的場所培育。喜歡水分，須避免介質變得過於乾燥。一旦莖（枝）枯萎，就表示水分太少。

栽培曆

月份	1	2	3	4	5	6	7	8	9	10	11	12
置放場所	日照良好的窗邊或屋外			50% 遮光的屋外							日照良好的窗邊或屋外	
給水			介質變乾就馬上給水									
其他			換盆移植									

春季（3～4 月）的管理：春季是生長期。置於 50% 左右遮光的屋外，或是室內的窗邊等場所，不間斷地持續給水。也很建議用吊盆等使其蔓性生長。此時適合換盆移植、扦插等作業。扦插可切取 5cm 左右的莖，放約 1 週使其風乾，再插入排水性佳的介質中。接著再持續維持不缺水的狀態來培育。

梅雨季（5～6 月）的管理：與春季置於相同場所培育，淋到雨也沒問題。

夏季（5～11 月）的管理：夏季也持續生長，請延續先前的方式栽培。非常耐濕熱，因此給水與春季相同，介質變乾就給。春季開花之後，結鈴鐺般小果實的姿態非常可愛，果實中有 2～3 顆種子，可在春季播種。剛發的芽小小的約 1mm，請注意不要使其缺水。

秋季（11～12 月）的管理：秋季也持續生長，請延續夏季進行管理，水分等介質變乾就給。一旦進入 11 月，放在屋外的植株請移至室內。

冬季（1～2 月）的管理：冬季最低溫度維持 3℃ 以上，使其持續生長。雖然是仙人掌的一員，但須注意給水，避免讓介質變得過於乾燥。

其他的仙人掌

龍爪玉屬 COPIAPOA

仙人掌科
智利原產
栽培難易度：★★★
夏型
越冬溫度：0°C

黑子冠（國子冠）
Copiapoa cinerea
var. dealbata

　　南美洲的仙人掌中很有人氣的屬，在智利降雨量偏低的乾燥地帶，棲息有 20 ～ 30 個種。生長極為緩慢，日本早先成株都是仰賴進口，但現在已能利用實生培育出漂亮的植株，多數優良植株在市面上流通。請少量給水，細心照料吧！照片中的黑子冠是代表種黑王丸的變種，長長的黑刺是其特徵。會長出子株形成群生株。一開始是球形，很快就會伸長變成圓柱狀。花朵是黃色的小花。

鹿角柱屬 ECHINOCEREUS

仙人掌科
墨西哥～美洲原產
栽培難易度：★★★
夏型
越冬溫度：0°C

紫太陽
Echinocereus pectinate var.
rigidissimus 'Purpleus'

　　從墨西哥到美國新墨西哥州、亞利桑那州、德州、加州已知約有 50 個種。大多是群生的小型種，從春季到夏季會開出粉紅色、橘色、黃色等又大又美麗的花朵，是很有人氣的花仙人掌。紫太陽原產於墨西哥，紫色的刺會隨著生長產生濃淡變化，一年一圈，經年形成非常美麗的漸層。若有充分的日照會長得很漂亮。

圓盤玉屬 DISCOCACTUS

仙人掌科
巴西原產
栽培難易度：★★★
夏型
越冬溫度：5°C

黑刺圓盤
Discocactus tricornis
var. giganteus

　　如屬名般的扁平圓盤姿態是其特徵。進入開花期，成株會於生長點長出花座並且開花。花為白色，於夜間開花，即使只開一朵花，也會滿室飄香，令人神怡。耐寒性差，冬天須斷水使其休眠。照片中的黑刺圓盤，是 *Discocactus tricornis* 培育得比較大型的變種，黑色強勢的三叉尖刺充滿魅力。在圓盤玉屬中頗受歡迎。

月世界屬 EPITHELANTHA

仙人掌科
墨西哥～美洲原產
栽培難易度：★★★
夏型
越冬溫度：0°C

天世界
Epithelantha grusonii

　　從墨西哥到美洲已知有數種的仙人掌，呈小球型或是圓筒狀。有輝夜姬、月世界、大月丸等多個園藝品種。多為小型種，其特徵是纖細的刺，且多為群生。群生株在栽培時要特別注意通風。天世界白色細刺密生，形成小巧美麗的群生株。紅色部分是開花後結的果實，長條狀的樣子很有趣。

金鯱屬 ECHINOCACTUS

仙人掌科
墨西哥～德州原產
栽培難易度：★★★
夏型
越冬溫度：0°C

金鯱
Echinocactus grusonii

　　會從刺座長出銳刺的多稜仙人掌。形狀為球形或是樽形，持續生長的話，很多會長成超過50cm 以上的大型植株。喜歡在向陽處，若日照不足，刺可能會稀疏不漂亮。冬季時，溫度也要維持在 5°C 以上。日夜溫差愈大，生長會愈快速。金鯱可說是仙人掌的代表種，在植物園的溫室經常可見。黃色的刺是其特徵，發育良好的話可長至 1m 以上。原生地因為被水淹沒，據說已瀕臨絕種，故現存植株非常珍貴。

帝王冠屬 GEOHINTONIA

仙人掌科
墨西哥原產
栽培難易度：★★★
夏型
越冬溫度：0°C

帝王冠
Geohintonia mexicana

　　發現於上個世紀末，1992 年記載的只有帝王冠一個種，是 1 種 1 屬的新屬。在墨西哥山地的石灰岩斜坡上被發現，屬名是用發現者的名字 George Sebastian Hinton 去命名的。生長極為緩慢，約只能長到直徑 10cm 左右。照片這株使用實生法培育 6 年的開花株，寬約6cm。

強刺仙人掌屬 FEROCACTUS

仙人掌科
墨西哥～
美國西南部原產
栽培難易度：★★★
夏型
越冬溫度：0°C

日之出丸
Ferocactus latispinus

　　從墨西哥到美洲已知約有 30 個種的仙人掌。與金鯱屬一樣有許多帶有美麗銳刺的種類，黃色刺的強健種大冠龍、紅色刺的赤鳳都為人所熟知。適度的換土很重要，若根部糾結會生長不良，也會影響到刺的發育。日之出丸是黃色粗刺搭配紅色細刺的美麗種類。雖然市面上賣的大多是比較小型的，但成株可長至直徑40cm。

鳥羽玉屬 LOPHOPHORA

仙人掌科
墨西哥～德州原產
栽培難易度：★★★
夏型
越冬溫度：0°C

銀冠玉
Lophophora williamsii
var. decipiens

　　從美國德州到墨西哥已知有 3 個種的小屬。柔軟的莖沒有刺，看似毫無防備的模樣，卻含有名為麥司卡林（Mescaline）的有毒成分，可防止鳥類或動物的採食。麥司卡林有幻覺作用，據說自古以來是美國原住民在止痛儀式時所使用，栽培品種中幾乎不含此成分。體質強健，長期栽種能長成漂亮的群生株。銀冠玉是稍微小型的鳥羽玉屬，會開粉紅色的可愛花朵。

其他的仙人掌

仙人掌屬（團扇仙人掌） OPUNTIA

仙人掌科
墨西哥原產
栽培難易度：★★★
夏型
越冬溫度：0°C

白桃扇／象牙團扇
Opuntia microdasys
var. *albispina*

擁有扁平團扇狀莖的團扇仙人掌，以墨西哥為中心已知約 200 個種。扁平板狀莖有的可長至 50cm 以上，也有小至僅有指節大小，各種尺寸包羅萬象。體質強健，繁殖力強，容易栽培。若置於日照及通風良的場所，冬季控制給水的話，很快就能成長茁壯。用扦插等方式簡單就能繁殖。象牙團扇是別名「兔耳朵」的小型種類，會開黃色小花。

姣麗玉屬 TURBINICARPUS

仙人掌科
墨西哥原產
栽培難易度：★★★
夏型
越冬溫度：0°C

精巧殿
Turbinicarpus
pesudopectinatus

在墨西哥已知約有 10 個種。全部都是小型的仙人掌，會形成群生株。在原生地據說已瀕臨絕種，被華盛頓公約指定為第一級保育類植物，但透過自家授粉可採集種子繁殖，在日本已成功栽培出許多實生種。精巧殿整株由形狀獨特的刺座排列而成，非常美麗，而且無刺，栽種起來很安全。雖然生長緩慢，但是都能長成漂亮的植株，很推薦種植。

尤伯球屬 UEBELMANNIA

仙人掌科
巴西東部原產
栽培難易度：★★★
夏型
越冬溫度：0°C

櫛極丸
Uebelmannia pectinifera

1996 年發現，算是較新的屬，包含黃刺尤伯球和櫛極丸等 5～6 個種，主要分布巴西東部。屬名是以發現者 Werner J. Uebelmann 命名的。雖然生長緩慢，但是體質強健，只要能渡過小苗階段，後續就能順利成長。櫛極丸是尤伯球屬的代表種，夏季期間是綠色，到了秋季楓紅時，表皮會染上紫色，非常好看。照片這株寬約 10cm。

花籠屬 AZTEKIUM

仙人掌科
墨西哥原產
栽培難易度：★★★
夏型
越冬溫度：0°C

雛籠
Aztekium hintonii

原產於墨西哥北部山岳地帶的小型仙人掌。原本只有發現花籠（*Aztekium ritteri*）1 個種，後來在 1992 年發現雛籠而變成 2 個種。兩者的生長都非常緩慢，但照料起來不算困難，順利生長的話可長至寬高約 10cm 左右。被發現的時期與地區與第 139 頁介紹過的帝王冠相同，發現者亦為同一人。

精巧丸屬 PELECYPHORA

仙人掌科
墨西哥原產
栽培難易度：★★★
夏型
越冬溫度：0℃

精巧丸
Pelecyphora aselliformis

　　刺座形狀奇特的仙人掌，原生在摩西哥中部高地的灌木下。以前與第140頁的精巧殿屬於同一個屬，現則歸為精巧丸屬，因此本屬變成擁有精巧丸和銀牡丹（*Pelecyphora strobiliformis*）2個種。精巧丸長有如「鼠婦」般奇妙形狀的刺座，子株會形成群生。與精巧殿的開花方式不同，這個種是頂生的粉紅色小花。

溝寶山屬 SULCOREBUTIA

仙人掌科
玻利維亞原產
栽培難易度：★★★
夏型
越冬溫度：0℃

黑麗丸
Sulcorebutia rauschii

　　在玻利維亞已知約有30個種的小型球狀仙人掌。整年置於向陽處培育，但夏天施以些許遮光比較保險。麗丸原生於玻利維亞南部近3000m山地的斜坡或岩石間，直徑2～3cm的小型種類，也有綠色的類型（綠麗丸），但是紫色的比較有人氣。不耐高濕多溫，夏天置於通風良好的場所，保持乾爽加以管理。給水1個月1～2次就很足夠。因產於高地故耐寒性強，溫暖地帶放在屋外也可渡過冬天。

縮玉屬 STENOCACTUS

仙人掌科
墨西哥原產
栽培難易度：★★★
夏型
越冬溫度：0℃

千波萬波
Stenocatus multicostatus

　　在墨西哥已知約有30個種的球形仙人掌，也稱為 *Echinofossulocactus* 屬。在日本雖然也培育出許多個種，但最有名的還是有許多稜角的縮玉。照片中的千波萬波，如波浪般的起伏的稜充滿魅力，是縮玉的優良種，稜的數量據說是仙人掌當中最多的。照片這株寬約10cm。

緋冠龍屬 THELOCACTUS

仙人掌科
墨西哥原產
栽培難易度：★★★
夏型
越冬溫度：0℃

緋冠龍
Thelocactus hexaedrophorus var. fossulatus

　　分布自美國德州到墨西哥，已知約有20個種，大疣和強刺是其特徵。大型花朵依序綻放也很有魅力。體質強健，非常耐寒耐熱，夏天也請直射陽光培育。冬天置於室內管理較為保險。緋冠龍覆蓋紅色的長刺極具魅力，強刺經過選拔益發美麗。

PART 3

如何從種植多肉植物得到樂趣

光是栽種在盆器中就很有趣的多肉植物，
再稍微花點心思就能讓樂趣倍增。
接著就來介紹各種享受多肉植物的方法吧！

栽培在漂亮的食器或容器增添樂趣

多數的多肉植物給水少也沒關係，因此用任何容器皆可栽種。不妨在居家用品店尋覓美麗的容器，或是與貝殼及漂流木做搭配，也可替空罐上色、貼上標籤，打造原創盆器。

若要使用食器或瓶子等底部沒有洞的容器來栽種，可在容器底部放入 MILLION A 或沸石等防止根部腐爛的藥劑，同時也須抑制給水，盡量避免容器中積存水分。另外，敏感性質、栽培困難的種類，不適合使用底部沒有洞的容器，請使用容易培育的素燒盆。

多肉植物和貝殼意外地搭，可充分享受與各種貝殼搭配的樂趣。右圖是種在鸚鵡螺殼中的姿態。

把漂亮的空罐直接拿來使用。若在底部鑽出排水用的洞孔會更好。

種在螺殼中的各種多肉植物。

種在有可愛文字及澆水器形狀盆器中的卷絹屬（長生草屬）。在居家用品店尋找特殊容器也是一種樂趣。

de bon
Matin

在陶藝教室親手製作的素燒盆。樸實的氛圍和多肉植物非常契合。最近也有未經窯燒，直接用黏土製作的容器，讓人充分享受各式手作品帶來的樂趣。

藍色的陶器映輝出石蓮屬白色葉片的美麗。種
在底部沒有洞孔的容器時，請在容器底部放入
MILLION A 或沸石等防止根部腐爛的藥劑，同時
也須抑制給水，盡量避免容器中積存水分。

在骨董店發現的錫製水壺，種入帶
有強勢感的四海波屬。

透明容器中組合栽種多種多肉植
物。乍看非常繽紛漂亮，但過於擁
擠會讓植物無法生長，是不太推薦
的做法。

種在小靴子形狀盆器中的景天屬（佛甲草
屬）和石蓮屬。

種在圓形玻璃器皿中的鷹爪草屬。鷹爪草屬日照少也可生長，很適合栽培在室內。

利用玻璃器皿種植

玻璃花房（Terrarium），原本就是為了讓生長中的植物能夠長途運送所製作的玻璃容器，發明於 16 世紀大航海時代。到了現代，這種形式的質感仍深受喜愛，室內裝潢也很常見。多用來栽種觀葉植物，對多肉植物來說也很合適。為了防止根部腐爛，請在盆底放入防止根部腐爛的藥劑吧！

種在底部沒有洞孔的容器中

① 在容器的底部放入 MILLION A 等防止根部腐爛的藥劑。

② 把多肉植物種在不易崩解的介質中。

③ 使用彩色細沙也很漂亮。

防止根部腐爛的藥劑

MILLION A

沸石

多肉植物的組合盆栽

多肉植物也可與其他花草一樣享受組合栽種的樂趣。由於生長緩慢的緣故,形狀不容易走樣,可長時間觀賞。種植一段時間後,植株漸趨穩定,與容器也更加契合,變成漂亮的組合盆栽。組合栽種不只是根據種類的顏色和形狀,也須挑選強健且性質(日照和乾濕的喜好、生長的速度等等)近似的種類。夏型種與冬型種種在一起,會無法順利生長。

種在椅子型盆器中的景天屬(佛甲草屬)和石蓮屬。很推薦在小盆器中種植性質相近的種類。

組合栽種於素燒盆中的各種多肉植物。

各種多肉植物的組合盆栽。
在容器上也花點心思，自由
地享受簡中樂趣。

種植在切片蛋糕型
容器中的石蓮屬等
多肉組合盆栽。

種在王冠型容器中的
Sedeveria 屬等多肉組
合盆栽。

利用嫁接打造奇特外形

　　嫁接，主要的目的是為了讓葉綠素少的錦斑品種、變色品種、根部虛弱難以生長的種類得以健康生長，此外也可利用嫁接享受製造有趣盆栽的樂趣。嫁接並非所有種類都可執行，仙人掌和仙人掌、大戟屬和大戟屬、艷姿屬和艷姿屬，必須同類與同類才能進行。有時也會出現接穗無法存活的情形，一開始請先從經常繁殖的種類開始嘗試吧！

嫁接到柱狀仙人掌上的疣仙人掌屬（左）和星球屬（右）。

嫁接到三角霸王鞭（*Euphorbia trigona*）上的裸萼大戟（*Euphorbia gymnocalycioides*）的帶黃斑錦斑品種（兩者都是大戟屬）。

仙人掌的嫁接方法

① 準備好作為砧木的龍神木與裸萼球屬的錦斑品種。

② 用刀片仔細切取龍神木的莖部前端。

③ 風乾後的切口會有點凹凸不平,稍微切掉周圍使其變平整。

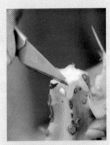

④ 將接穗用的子株從親株上切離。

⑤ 修整切口,讓維管束清晰可見。

⑥ 讓砧木與接穗的維管束緊密接合。維管束要全部接合不容易,有部分接合即可。

⑦ 為了避免動到接穗,可將橡皮筋套在刺上來加以固定。至少一個月不要去碰。

⑧ 沒有刺的話,可在砧木插入細竹籤,用來固定橡皮筋。

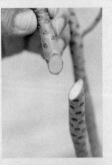

艷姿屬的嫁接方法

① 準備好褐色葉子的艷姿屬黑法師,以及上面要嫁接綠葉的品種,一株可出現兩種顏色的葉子。

② 用銳利的刀片,將欲嫁接部分的莖斜切下來。盡可能讓切口保持平整。

③ 從綠葉的植株取得接穗。

④ 讓部分維管束與切口緊密接合。

⑤ 用紙膠帶等工具纏繞固定。請勿使用透氣性差的乙烯膠帶。

⑥ 嫁接完成的艷姿屬,已存活約1個月。切取的砧木前端,放1週使其充分風乾後再扦插會比較好。

多肉植物的水耕栽培

　　原生於沙漠等乾燥地帶的多肉植物，用水耕栽培乍聽很矛盾，實際上是可行的。首先請看下方的照片。不管哪個種類的根系都在水中延伸，健康地生長。這點也讓人感受到多肉植物的不可思議。作法與鬱金香或風信子等的水耕栽培相同。在水中加入 MILLION A 等藥劑可防止水質惡化。但是並非所有多肉植物都能夠進行水耕栽培，至今成功培育的有仙人掌、鷹爪草屬、石蓮屬、龍舌蘭屬等等，有興趣的人不妨多方嘗試看看喔！

仙人掌、鷹爪草屬、石蓮屬等的水耕栽培。使用的是球根的水耕栽培用容器。

根系在水中延伸的
大型石蓮屬。

食用多肉植物

　具有幾乎「無須求醫」之效用的蘆薈屬、最近在超市等處常可見到販售的朧月（石蓮花）的葉子，可食用的多肉植物蔚為話題。在日本以「Dr.Vegee」這個名稱廣為人知的京之華，也以營養價值高的健康食品備受注目。請採取無農藥栽培，充分利用在料理與甜點上吧！美麗的顏色與不可思議的口感，也可作為派對上的話題。

將 Dr.Vegee（鷹爪草屬）入菜

① 用手逐一摘取感覺柔軟可口的葉子。輕輕拉開就能撕下來。若留下中間的幾片葉子，很快會再生長，可反覆利用。

② 葉子的基部口感比較不好，請切掉。

③ 切掉基部的 Dr.Vegee 葉片。

④ 在散壽司上面均衡地裝飾 Dr.Vegee 葉片。為了充分展現 Dr.Vegee 的葉色，不要使用豌豆莢或豌豆等綠色食材會比較好。

⑤ 用紅色迷你番茄和橘色鮭魚子增添色彩就完成了。

庫拉索蘆薈、石蓮花、Dr.Vegee（鷹爪草屬）的卡布里沙拉
（Caprese salad）。運用番茄與多肉植物的葉子顏色做搭配，
白色的則是莫札里拉起司球，再灑上些許鹽巴，淋上橄欖油就
完成了。可充分品嚐多肉植物的味道。

Tips

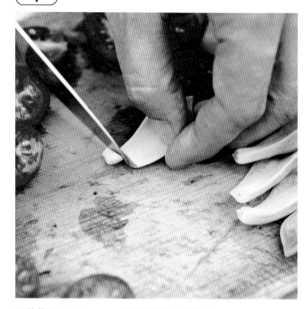

石蓮花和 Dr.Vegee 一樣切掉葉子基部備用。

庫拉索蘆薈縱向切半，再橫切成寬 5mm 的細段。葉子的邊緣
（表皮）有點硬，在意的人也可只使用其中的膠質部分。

Dr.Vegee　京之華
Haworthia cymbiformis

Dr.Vegee 是非洲原產的鷹爪草屬。葉子可以直接生吃，噗滋噗滋的口感帶有些許滑順，散發淡淡的甜味。鮮豔的綠色也很美麗，作為沙拉的裝飾或醃菜可增進食慾。經由日本星藥科大學生藥研究所和仙人掌諮詢室的共同研究結果顯示，已知體內含有有效抗氧化作用的成分。

培育簡單，不太需要日照也能夠生長，很推薦栽種在室內。具有側芽很多、容易群生的性質，因此會大量繁殖，請充分活用在各式料理上吧！

朧月（石蓮花）
Graptopetalum paraguayense

原產自墨西哥的景天科多肉植物，園藝名稱為「朧月」。朧月的改良品，繁殖力非常強，用葉插就能簡單繁殖，栽培也很容易。

鮮嫩口感，帶有青蘋果般的酸味，因而有「葉蘋果」之稱。富含維他命、礦物質、氨基酸等營養素，尤其是鈣和鎂更是豐富。與肉類料理很搭，和優格、蘋果、香蕉等一起打汁也很好喝喔！

庫拉索蘆薈
Aloe vera

原產自阿拉伯半島、北非、加那利群島等地，在各地原生的多肉植物，作為化妝品和健康食品在世界上廣為利用。有效成分雖然不如同樣有「無須求醫」之稱的木立蘆薈，但庫拉索蘆薈這類大型葉片較厚，可利用部分較多，加上苦味較少，用來食用的情況很多。葉子中央的膠狀部分幾乎無臭無味，和優格一起吃可享受鮮嫩口感。不只用來吃，對付燒燙傷或皮膚炎等也具效果。

PART 4

\ 這個時候 /
該怎麼辦？

多肉植物 Q&A

 Q1 栽培在室內的石蓮屬，
葉片變得髒兮兮

長時間栽培在室內，葉片會因灰塵堆積而變髒。
拿到室外用灑水器沖洗吧！若非寒冷時期，建
議偶爾拿到室外吹風淋雨。只不過，置於室內
的植株突然拿到外面接受強烈日照，葉子也可
能因此曬傷，因此請在陰天時再拿到室外。

另外，也有因介殼蟲等害蟲和生病所導致的葉
片汙損。根部腐爛或日照不足等導致的生長不
良，也會讓植株表面產生皺紋，還請多加留意。

葉片髒兮兮的石蓮屬。

Q2 星美人的葉子
變得斑駁醜陋

大型圓葉覆蓋白粉極具人氣的月美人屬（厚葉
草屬）「星美人」，這些白粉據說是為了保護
葉子阻隔原生地的強烈日照，仙女盃屬的「仙
女盃」、石蓮屬的「凱特」、天錦章屬的「雪
御所」等多數多肉植物都可見白粉覆蓋。這些
白粉用手觸碰或用水澆淋會剝落，而且無法再
生，因此會一直殘留剝落的痕跡。為了維持美
麗的姿態，避免用手觸摸很重要。進行換盆移
植等作業時也須格外留意。不清楚這點的人總
是會很想摸摸看，
若遇到這種人，請
務必提醒對方「不
可以觸摸喔」。不
隨便亂摸他人的收
藏，是很重要的禮
儀。

覆蓋白粉的美麗
石蓮屬。

Q3　龍舌蘭屬和蘆薈屬 的下方葉片枯萎了

即使健康地生長，下方葉片也會依序枯萎。一般而言，枯萎的葉子很多會再長出新葉，接著植株就會長大。不過，葉子枯萎也可能是生病或蟲害的根源，因此若完全枯萎則請摘除。

枯萎的葉子用剪刀從中間剪開 2～3cm，然後左右撕開，即可輕鬆地從葉子基部剝除。

龍舌蘭屬的「王妃甲蟹」。

枯葉的摘除方法

1 下方葉片枯萎的龍舌蘭屬。

2 把枯葉從中間剪成兩半。

3 左右撕開取下枯葉。

4 摘除枯葉的龍舌蘭屬。

Q4 肉錐花屬和生石花屬
脫下來的皮該如何處理？

在原生地，褪下的舊皮會變乾殘留在植株周圍。栽培中的植株就這樣放著雖然沒有太大問題，但是若有水分滯留，則可能會變成病蟲害的根源，加上視覺上也不美觀，因此建議趁換盆移植時一併處理掉會比較好。變成乾裂狀時，須注意別傷到新葉，用鑷子等工具小心移除。

肉錐花屬的枯葉去除法

1 附著有脫皮後殘留之舊皮的肉錐花屬。

2 用鑷子捏除並小心別傷到新葉。

3 逐一取除舊皮。

4 重現清爽美觀的肉錐花屬。

 Q5 球狀仙人掌變細長了

原因出在日照不足。長得圓圓的仙人掌也是如此，若在室內缺乏陽光，就會因徒長而讓前端變細。請置於能夠接受直射陽光的窗邊。還有，給水過多的話也容易造成徒長現象，因此也須控制給水。

多數仙人掌，盡可能給予良好日照很重要。只不過，一直栽種在室內的植株若突然接觸強烈的直射陽光，有可能會讓葉片曬傷，若要拿到室外，請挑選連續2～3天的陰天會比較好喔！

Q6 仙人掌變白

綠色仙人掌漸漸變成褐色或白色，看起來黯淡無光，此時可聯想是否遭受葉蟎（紅蜘蛛）侵襲，肉眼不太容易發現，牠會從莖部表面吸收汁液，使植株顏色變得黯淡。除了利用專用的殺蟲劑外，葉蟎這類不耐水的害蟲，1天1次左右用噴霧器澆水也具有效果。

另外，葉蟎等蟎類對藥品容易產生抵抗力，若使用殺蟲劑，盡可能使用新發售的產品效果較佳。

Q7 景天屬「虹之玉」的葉子紛紛凋零

虹之玉雖然是強健的種類，環境惡劣多少還是能夠生長，但若葉子凋落，或許是因為過於潮濕而導致根部受傷。此外，也可檢查是否受介殼蟲所害。請從盆中取出確認根部的狀態，根部若受損，建議用扦插法重新栽種，或是用葉插法也可簡單繁殖。

葉子若枯萎掉落，也有可能是水分不足所致。生長期間1週1次，休眠期也須1個月給水1次。

Q8 植株基部長出細長的根，且從盆器中竄出

長年未移植，根部糾結或盆土劣化等原因導致根部無法伸展，莖也從盆器中竄出去，景天屬、伽藍菜屬等莖部伸長的種類尤其常見。也有根從盆底伸長出去的情況。若出現從植株基部或盆底長出根的情況，表示是必須換土換盆的訊號。請移植到新的介質中吧！

Q9 從盆底長芽了

用小盆器培育時常見的現象。龍舌蘭屬因具有會在延伸的走莖前端長出子株的性質，因此走莖從盆底跑出去的狀況屢見不鮮。就這樣置之不理的話，整體並不美觀，請移植到大一點的盆器中吧！從盆底長出新芽，若長到一定程度的大小時，可切離後使用扦插法栽種，使其生長成新的植株。

從盆底長出子株的龍舌蘭屬「五色萬代」。

10 買來後就不斷延伸變長

日照不足和通風不良是原因所在。多肉植物要健康地生長，需要充足的陽光與涼風。栽種在室內時，也請盡量置於日照良好的窗邊，並偶爾拿到屋外享受日光浴。另外，日照不足加上給水過多，會助長徒長現象。在室內管理時，乾燥速度也會較慢，因此需要比在屋外栽培時給予更少的水量。

莖部延伸得很長的石蓮花，而且也長出氣根，因此必須用扦插等方法重新栽種。

 11 葉子變得皺巴巴，給水也無法恢復

葉子變得皺巴巴，是植物無法吸水的鐵證。此時可考慮兩個原因，一是水分無法吸收，二是給水過多導致根部腐爛。給水也無法讓乾扁葉片恢復原狀，表示根部腐爛導致根部枯死。切掉枯死的根，使其長出新根吧！莖部伸長的種類，建議用扦插法重新栽種。

過度潮濕導致根部腐爛，葉子變得毫無彈性的石蓮屬。

 12 肉錐花屬和生石花屬變成淡褐色

肉錐花屬、生石花屬等冬型的女仙類，休眠前葉子會變成看似枯萎的淡褐色。這是因氣溫回升而準備進入休眠，並非枯萎。千萬別誤以為是枯死而丟棄，同時也請停止給水。肉錐花屬等種類雖然以枯萎狀態度過夏天，但是到了秋季就會脫皮長出新葉。請維持原狀使其靜靜地休眠。

休眠中的肉錐花屬。

13 葉子好像被吃了一樣，出現莫名洞孔

若是被蟲啃食的痕跡，請用驅蟲方式處理。葉子雖然無法恢復原貌，但繼續生長就會長出新葉，可不必過於擔心。

啃食多肉植物的害蟲並不多，常見的是夜盜蟲，白天會隱身在植株基部的土壤裡面。請稍微挖開植株基部的土檢查看看。另外，與其他植物放在相同棚架中時，蝸牛也會去吃新鮮嫩葉。蝸牛在乾燥地帶不會出現，只要跟其他植物分開栽種就可以，或是使用蝸牛驅除劑也具有效果。

 14　肉錐花屬出現破洞

昨天還很健康的肉錐花屬、石頭玉屬、風鈴玉屬等等，出現彷彿被撞破的傷痕。這是置放在陽台的盆器會發生的典型事件，也就是鳥類侵襲所致。犯人是麻雀還是其他鳥類？雖然無法確定，但或許是透明水嫩的葉子對鳥類來說很有吸引力吧！不過，通常鳥類並不會在一天內去吃太多盆，但若是重要的種類，建議還是用網子預防比較保險。

 **15　根系基部
變得腐爛倒塌**

給水過多，尤其是在夏季休眠的冬型種，夏季若過於潮濕，很多會從植株基部開始腐爛。蘆薈屬等莖部伸長的種類，可以去除腐爛的部分，視切口大小置放 2 週〜3 個月使其風乾，就會從莖部長出根來，一旦長出根，就可進行扦插。雖然也有肉錐花屬和女仙類等無拯救的情況，總之先置於通風良好的地方，充分乾燥後觀察其狀態。到了秋季感覺芽開始活動時，趁機移植到新的介質中吧！

 **16　肉錐花屬的葉子
裂開了**

翠光玉（*Conophytum pillansii*）等大型的肉錐花屬或風鈴玉屬等，漂亮緊實的姿態非常美麗，但有時葉表會出現龜裂的現象。這是因為吸收過多水分而膨脹所致，生長期給水過多是絕對禁止的。另外，通風不良也容易造成龜裂，因此置於通風良好的場所培育很重要。一旦裂開就無法修復，但不會影響生長，可不必擔心。過了一年再長出新葉就會替換掉了。

 **17　帶有漂亮綠色的品種
變紅了**

多肉植物中，也有秋季到冬季會轉成漂亮紅葉的種類。石蓮屬、景天屬、女仙類的一部份便屬此類，這些種變紅是健康生長的證明。請好好享受紅葉的樂趣吧！相反的，不會轉紅是日照不足所致，請給予充足日照加以培育吧！
春季到夏季，接觸陽光的部分若變成紅褐色，這是曬傷的痕跡。日照過強、高溫、通風不良是原因所在，請移至通風良好的半日陰處管理。曬傷的痕跡無法治癒，但長出新葉後，即可恢復原本的姿態。另外，置於陰涼處培育的植株突然接觸日照，葉片容易曬傷，購入時先置於窗邊等處，使其慢慢習慣陽光吧！

染上漂亮色彩的虹之玉錦
（*Sedum rubrotinctum* 'Aurora'）。

18 部分組合栽種的多肉植物變得不健康

把多種多肉植物混合栽種在同一個盆器中的組合盆栽,有的長得很好,有的就是長不好;有的生長較快,有的則較慢,這是因為各種植物適合的生長環境不盡相同。組合栽種時須注意的是,即便挑選了生長環境相似的種類,難免還是會出現生長差異。

組合盆栽的形狀若顯得混亂,莖部會伸長的種類,只要修剪就能讓形狀變漂亮。若出現不健康的種類,建議拔除種植新苗,甚至是全部從盆器中拔出加以整理,重新栽種。

19 月美人屬(厚葉草屬)的葉子全部掉落,只剩下莖部

石蓮屬和風車草屬也會出現相同現象。原因是根部腐爛,此症狀延伸到莖部,導致葉子枯萎掉落。可試試看用扦插或葉插法使其再生。多肉植物的枯萎原因大多是因為人為過失導致根部腐爛。務必注意避免給水過多。

另一個原因是病毒感染,病毒入侵的個體會有相同的枯萎方式,有的葉子會出現奇怪的斑點,有的葉子會蜷縮。一旦感染就無法治癒,為避免傳染給其他植株,請盡快處理吧!

20 虹之玉和黃金花月的莖部伸長,變得搖搖欲墜

景天屬、青鎖龍屬、艷姿屬、伽藍菜屬等莖部伸長的種類,繼續生長會往上延伸,下方葉子凋落而讓整體平衡感變差。這並非栽培方式不好所致,而是植物與生俱來的性質,無可避免。請多年修剪一次或用扦插法重新栽種。伸長的莖幹,從植株基部約2cm處切除可長出新芽,也一併進行換盆移植吧!將切取下來的莖進行扦插繁殖。

修剪時期請選在生長期之前,夏型種是春天;冬型種是秋天為佳。

21 仙人掌不會開花

不開花有很多原因,不過首要原因很可能是日照不足,請給予充足日照。還有,沒有在溫暖場所持續給水、冬季使其充分休眠,也會無法開花。春季到秋季的生長期也是,給水過多、日夜沒有溫差、晚上也放在明亮的地方,都會打亂生長節奏,導致花朵無法開花。長年未經換土換盆的植株,結花苞的情況也會變差。

另外,不只是仙人掌,小苗不會開花也很正常。視種類而有所差異,很多實生株要生長4～5年後才會開花。

花朵漂亮的仙人掌也會因日照不足而無法開花。

22 一旦開花很快就會枯萎是真的嗎?

多數多肉植物花開後隔年也可健康生長,但如同問題所示,也有開花後就枯萎的種類。代表的有龍舌蘭屬的同類,據說數十年才開花一次,花開後就會枯萎。艷姿屬、瓦松屬(爪蓮華、子持蓮華等等)、卷絹屬等也是,花開後就枯萎,但是周圍長出的子株會持續健康生長,所以沒有問題。

可愛的卷絹屬的花。花開後這個植株(蓮座狀)就會枯萎,但是周圍的植株還會存活,所以毋須擔心。

23 日照不好也能夠生長？

一整天不太會接受日照的地方，很可惜地並無法栽種多肉植物。請找出一天中至少能夠照射到日光3小時的場所。若想在日照差的室內享受栽種樂趣，放在房間內1週左右，接下來1週請置於日照良好的陽台等處，盡量給予日照使其生長吧！也可在早上出門前放在陽台，晚上回來時再拿進室內。

還有，鷹爪草屬、臥牛屬、石頭玉屬等森林性的仙人掌，不太喜歡強烈日照，因此屬於日照不良也容易生長的種類。若想在日照不良的場所栽培，請挑選上述種類會比較適合。

最近使用「植物生長燈」等照明用具，在室內培育的人也很多。

日照不良也容易生長的多肉植物

軟葉系鷹爪草屬「玉露／玉章」。

硬葉系鷹爪草屬「迷你甜甜圈・冬之星座」。

臥牛屬「春鶯囀錦」。

森林性仙人掌的絲葦屬「*Physalis pilocarpa*」。

仙人掌諮詢室

收集了許多可愛多肉植物的店「仙人掌諮詢室（サボテン相談室）」。
除了日本群馬縣館林市的本店和東京都豐島區的目白店以外，也有經營網路商店！
充滿歡樂氣氛的 Sabo Blog 也公開中。請搜尋「サボテン相談室」。

GUNMA

日本群馬縣館林市千代田町 4-23
從東武伊勢崎線館林駅徒步 5 分鐘可到

滿滿多肉的福斯汽車是其註冊商標的館林本店。4棟溫室中充滿許多珍貴的多肉植物。

也可看到許多品味獨具的多肉組合盆栽。

MEJIRO

日本東京都豐島區目白 1-4-23 郵票博物館 1F
從 JR 山手線目白駅徒步 5 分鐘可到

位於目白「郵票博物館」
一樓的目白店。

目白店裡也有許多可愛的
多肉植物。店內同時設有
咖啡座。

店內裝飾有許多多肉植物。
旁邊也有郵票商店。

中文名稱索引

中文名稱索引

多肉植物栽培大全

品種介紹 🌼 四季管理 🌸 Q&A 新手問答

監　　修	仙人掌諮詢室‧羽兼直行	
譯　　者	謝薷鎂	
審　　定	陳坤燦	
社　　長	張淑貞	
副總編輯	許貝羚	
主　　編	王斯韻	
責任編輯	鄭錦屏	
特約美編	謝薷鎂	
行銷企劃	曾于珊	
版權專員	吳怡萱	

發 行 人　何飛鵬
PCH 生活事業群總經理　李淑霞
出　　版　城邦文化事業股份有限公司　　麥浩斯出版
E-mail　　cs@myhomelife.com.tw
地　　址　104 台北市民生東路二段 141 號 8 樓
電　　話　02-2500-7578
傳　　真　02-2500-1915
購書專線　0800-020-299
發　　行　英屬蓋曼群島商家庭傳媒股份有限公司城邦分公司
地　　址　104 台北市民生東路二段 141 號 2 樓
電　　話　02-2500-0888
讀者服務電話　0800-020-299（9:30AM~12:00PM；01:30PM~05:00PM）
讀者服務傳真　02-2517-0999
劃撥帳號　19833516
戶　　名　英屬蓋曼群島商家庭傳媒股份有限公司城邦分公司

香港發行城邦〈香港〉出版集團有限公司
地　　址　香港灣仔駱克道 193 號東超商業中心 1 樓
電　　話　852-2508-6231
傳　　真　852-2578-9337
新馬發行　城邦〈新馬〉出版集團 Cite(M) Sdn. Bhd.(458372U)
地　　址　41, Jalan Radin Anum, Bandar Baru Sri Petaling,57000 Kuala Lumpur, Malaysia.
電　　話　603-9057-8822
傳　　真　603-9057-6622

製版印刷　凱林印刷事業股份有限公司
總 經 銷　聯合發行股份有限公司
電　　話　02-2917-8022
傳　　真　02-2915-6275
版　　次　初版 17 刷 2023 年 8 月
定　　價　新台幣 399 元／港幣 133 元
Printed in Taiwan

國家圖書館出版品預行編目（CIP）資料

多肉植物栽培大全：品種介紹‧四季管理‧Q&A 新手問答 /
羽兼直行 監修；謝薷鎂譯. -- 初版. -- 臺北市：麥浩斯出版：
家庭傳媒城邦分公司發行，2016.04
　　面；　公分
譯自：はじめての多肉植物 育て方のコツと楽しみ方
ISBN 978-986-408-148-6（平裝）

1. 仙人掌目 2. 栽培

435.48　　　　　　　　　　　　　　　　　　105004007